Edition Ursachenforschung · Band 1

Vernetzt denken – die Zukunft gestalten!

Beiträge zu einem ganzheitlichen Naturverständnis

Edition Ursachenforschung
Band 1:
Vernetzt denken – die Zukunft gestalten!
Beiträge zu einem ganzheitlichen Naturverständnis
von Claudia Baß, Heidrun Bethge, Antonia Donta,
Hannes Frischat, Ute Kampmann,
Manola Märtens und Marion Pusch.

ISBN 3-8311-0648-7

Herausgeber:
Netzwerk für interdisziplinäre Ursachenforschung –
Hermann Knoblauch e. V.
(gemeinnützig anerkannt)
&
Hermann-Knoblauch-Akademie –
Mensch · Natur · Zukunftswissenschaften

Süntelstraße 3
30419 Hannover
Germany
Tel. (0511) 271 03 88
Fax (0511) 271 03 89

Web: www.Ursachenforschung.org
eMail: info@Ursachenforschung.org

Herstellung: Libri Books on Demand

Umschlagbild: Mikroorganismenkolonie (Volvox)

EDITION URSACHENFORSCHUNG · BAND 1

Vernetzt denken – die Zukunft gestalten!

Beiträge zu einem ganzheitlichen Naturverständnis
von Claudia Baß, Heidrun Bethge, Antonia Donta, Hannes Frischat, Ute Kampmann, Manola Märtens und Marion Pusch

Herausgeber:
Hermann-Knoblauch-Akademie
Mensch · Natur · Zukunftswissenschaften

Die Herausforderungen des 21. Jahrhunderts werden immens sein, und das naturwissenschaftliche Weltbild wird in seinen Grundlagen revolutioniert werden.

Hermann Knoblauch

Gründer des
Netzwerks für interdisziplinäre Ursachenforschung e. V.
sowie der *Hermann-Knoblauch-Akademie*

Inhaltsverzeichnis

Vorwort

Wie notwendig ein Umdenken ist, zeigen die heutigen Wissenschaften: Sie versuchen immer noch, unsere Welt auf materieller Basis zu erklären. Das beginnt beim Urteilchen, beim Urknall oder der Weltformel, geht weiter mit dem darwinistischen Modell der Menschwerdung über Tiere und wird fortgesetzt mit der Molekularbiologie, die ein rein auf die Gene beschränktes Bild vom Menschen prägt.

Doch die Wissenschaften der Zukunft brauchen eine neue Basis. Sie werden nicht umhin kommen, auch den geistigen Hintergrund oder Urgrund unserer materiellen Welt zu erforschen – wie es Universaldenker vieler Epochen getan haben. Deshalb haben sich die Dozenten und Forschenden der Hermann-Knoblauch-Akademie zum Ziel gesetzt, Natur- und Geisteswissenschaften wieder zusammenzubringen. Die Grundlagen hierfür liefert das *Netzwerk für interdisziplinäre Ursachenforschung*, in dem Wissenschaftlerinnen und Wissenschaftler aus über 20 Disziplinen an neuen Sichtweisen und Forschungsansätzen arbeiten. Hier trifft sich eine große Vielzahl von Anschauungen und Auffassungen aus Fächern von Physik bis Philosophie, von Biologie bis Sozialwissenschaft und Religionswissenschaft, um sich auf den unterschiedlichsten Gebieten auszutauschen.

Können Atome miteinander kommunizieren? Findet Evolution in der Materie oder im Denken statt? Wie hängen Naturschutz und „Leben" zusammen? Welche Alternativen gibt es zum Urknall? Warum ist Ethik die Grundlage für eine menschenwürdigere Zukunft? – Wenn sich die Dozenten und Forschenden der Hermann-Knoblauch-Akademie über diese Fragen Gedanken machen, findet keine trockene oder abgehobene Wissenschaft statt, sondern ein lebendiger Austausch zwischen den Disziplinen – so lebendig, wie die Natur selbst ist. Einen Einblick geben die Vorträge dieses Bandes, die von Juni bis Oktober 2000 in Hannover gehalten werden.

Ziel der Vorträge ist es zu zeigen, wie weitreichend vernetzt wir mit der Natur sind und welche Gestaltungsmöglichkeiten für unsere eigene Zukunft sich daraus ableiten. Dabei geht es auch um Wege zu einem humaneren Denken und Handeln in Wissenschaft und Gesellschaft.

So entsteht in der Hermann-Knoblauch-Akademie ein *fächerverbindendes Denken*, das im Studium, im Alltag und im Beruf neue Akzente setzt. Als weitere Schlüsselqualifikationen fördert die Hermann-Knoblauch-Akademie *ursachenorientiertes* und *ethisch orientiertes Denken* und lässt damit keinen Zweifel an der Verantwortung des Menschen für seine eigene Zukunft.

Wie wichtig grundlegende Umwälzungen in unserem westlichen, naturwissenschaftlichen Weltbild sind, erkannte bereits vor vielen Jahrzehnten der Gründer des Netzwerks und der Akademie, Hermann Knoblauch, dessen wegweisende Impulse diese Forschungen überhaupt erst ermöglichen. Der hannoversche Ingenieur entwickelte entscheidende zukunftsorientierte Denkansätze, die das Ideenkapital großer Denker und Kulturen verschiedener Epochen in einzigartiger Weise mit modernster Forschung verbinden. In der Tradition seines Denkens liefern die nun folgenden Vorträge Bausteine für ein neues Fundament unseres Denkens, dessen Notwendigkeit er voraussah:

> „Die Herausforderungen des 21. Jahrhunderts werden immens sein, und das naturwissenschaftliche Weltbild wird in seinen Grundlagen revolutioniert werden."
>
> Hermann Knoblauch

Hannover, im August 2000

Claudia Baß, Heidrun Bethge, Antonia Donta, Hannes Frischat, Ute Kampmann, Manola Märtens, Marion Pusch

„Moral“ sind die von den Religionen eingeführten Verhaltensrichtlinien.

Wahre „Ethik“ ist kosmisches Gesetz. Würde sie an allen Universitäten dieser Welt gelehrt werden, gäbe es dauerhaften Frieden.

Hermann Knoblauch

Ethik in der Praxis – Chancen für Beruf und Alltag

Manola Märtens und Marion Pusch *

Der Begriff „Ethik“ ist wieder in aller Munde. Doch was ist Ethik? Ist sie Moral? Ist sie bloße Theorie? Wie kann Ethik im Beruf und im täglichen Leben Orientierungsmaßstab sein und bei schwierigen Entscheidungen, Problemen und Konflikten helfen?

Der Ingenieur Hermann Knoblauch, Gründer des Netzwerks für interdisziplinäre Ursachenforschung und der nach ihm benannten Akademie, betonte:

„Alles Übel in der Welt entspringt einer einzigen Wurzel: dem Egoismus.“

Egoismus ist – heute mehr denn je – die treibende Kraft hinter vielen Bestrebungen und Aktivitäten in unserer Gesellschaft. Das ruft entsprechende Wirkungen hervor: Viele Probleme, die wir heute z. B. im

Berufsleben mit uns selbst oder mit unseren Arbeitskollegen haben, aber auch Probleme mit dem Partner oder im Bereich des Naturschutzes beruhen tatsächlich vielfach auf einer Überbetonung des Egoismus und damit auf einer Sichtweise, die fast völlig Ethik ausklammert.

Um diesem Trend entgegenzuwirken, möchte die Hermann-Knoblauch-Akademie für die Bedeutung von Ethik sensibilisieren und ethische Prinzipien transparenter machen.

Das war auch immer das Herzensanliegen von Hermann Knoblauch, der *Vordenker für eine menschenwürdigere Zukunft* ist. Denn bereits zu einer Zeit, in der kaum über Ethik nachgedacht wurde, setzte er sich intensiv für eine Neuorientierung unseres Denkens in Richtung Ethik ein. Er machte immer wieder deutlich, wie grundlegend sich unser Leben verändern kann, wenn wir nach ethischen Prinzipien denken und handeln.

Wie vorausschauend dies war, wissen wir erst heute. Denn gerade die neuen Technologien, wie die Gentechnik und die Informationstechnologie, benötigen eine Führung durch Ethik, um den damit eröffneten Manipulationsmöglichkeiten ein verantwortungsvolles Regulativ entgegenzusetzen. Nur durch eine ethische Orientierung sind wir in der Lage, in den neuen informationstechnologischen und molekularbiologischen Berufen Verantwortung für eine humanere Zukunft zu übernehmen.

Dies kann jedoch nur eine Ethik leisten, die universal und allgemeingültig ist – wie sie Hermann Knoblauch vertrat. Teilehtiken, die häufig willkürliche Maßstäbe setzen, werden oft mit Moral verwechselt. Warum das so ist und warum Ethik in ihrer Tiefe verstanden tatsächlich universal ist, möchten wir nun mit Ihnen entwickeln.

Warum ist Ethik so wichtig?

Nicht nur in den neuen Technologien, sondern auch im täglichen Leben spielt Ethik als Orientierungsmaßstab eine wichtige Rolle. Beginnen wir mit einem Beispiel. Viele von Ihnen kennen vielleicht die

Situation: Sie parken mit Ihrem Auto ein, sind ein bisschen zu stürmisch, und schon ist es passiert: Ihr Nachbar hat eine Beule in seinem funkelnagelneuen Auto. Nun ist guter Rat teuer!

Was tun? Vielleicht denken Sie an Ihre Versicherung, die nun in die Höhe schnellt, und fahren schnell weg – vielleicht hat es ja niemand gesehen? Oder rufen Sie die Polizei oder gehen persönlich zum Nachbarn, zeigen Courage und stehen für den Schaden gerade?

Das sind Momente des Lebens, die jeder in irgendeiner Form kennt. Momente, die sich in Sekundenschnelle nur im Innern abspielen, in einer Art Zwiesprache mit unserem Gewissen. In solchen Momenten können wir auf unser Gewissen hören oder es mit den verschiedensten Argumenten, die uns unser Intellekt zurecht legt, zum Schweigen bringen.

Es handelt sich um Momente, die fast täglich und überall anzutreffen sind. Ob im Berufsleben oder im Alltag, in der Partnerschaft, bei der Anwendung von neuesten Technologien, bei der Entwicklung von Produkten oder im Naturschutz – alle diese Bereiche haben etwas gemeinsam: Überall kann es zu Konfliktsituationen oder Gewissenskonflikten kommen, überall müssen schwierige Entscheidungen getroffen werden, überall warten Situationen auf uns, in denen wir Verantwortung und Courage zeigen können.

Dabei stellen sich natürlich vielfältige Fragen:

- Was ist gut und was ist böse, was ist richtig und was ist falsch?
- Dürfen alle Forschungsergebnisse auch angewendet werden?
- Welche Kriterien haben wir, um unser Tun zu beurteilen?
- Woran sollen wir uns orientieren, wenn wir Entscheidungen treffen?
- Zeigen wir Zivilcourage und Mut, oder flüchten wir in selbstgebastelte Rechtfertigungen, die uns beruhigen sollen?
- Handeln wir verantwortungsvoll oder verantwortungslos, egoistisch oder selbstlos, pflichtbewusst oder ignorant?

Natürlich sind das alles Fragen, die auf den ersten Blick nicht so einfach zu beantworten sind, zumal wir uns in einer Zeit befinden, die von einem starken Wertewandel gekennzeichnet ist. Viele Werte, die gestern noch unerschütterlich gewesen sind und von der Gesellschaft mit getragen wurden, stehen heute in Frage – wie Treue, Hilfsbereitschaft, Uneigennützigkeit, Pünktlichkeit, Zuverlässigkeit, Ehrlichkeit, Rücksichtnahme.

Die kleine Notlüge ist beispielsweise vielfach etabliert. In Filmen und Werbespots wird dies zahlreich vorgelebt. Auch der Ladendiebstahl bereitet vielen Menschen kaum noch Gewissensbisse, eher einen Nervenkitzel. Wenn andere Menschen in Not sind, ist es immer öfter nicht mehr selbstverständlich, dass geholfen wird, sondern viele schauen nur noch neugierig oder entsetzt zu. An der Universität Bochum wurde die Hilfsbereitschaft von Menschen untersucht, die Zeugen von Verkehrsunfällen waren: 80 Prozent waren Gaffer, die sich nicht trauten einzugreifen.

Eine Ursache dieser Entwicklungen ist sicherlich, dass das Gemeinwohl immer häufiger keinen besonders hohen Stellenwert im Leben des Einzelnen einnimmt und persönliche Bedürfnisse immer stärker im Vordergrund stehen. Der gesunde Egoismus, den jeder Mensch in einem begrenzten Umfang braucht, ist vielfach zu einem übermäßig ausgeprägten Egotrip entartet und wird zum Maßstab der Dinge erhoben.[1]

Hinzu kommt, dass ein deutlicher Verlust des so genannten Unrechtbewusstseins feststellbar ist, was zum Beispiel Korruptionsfälle immer unbekümmerter geschehen lässt.[2] Das Unrechtbewusstsein fehlt auch, wenn ein Chef seine Sekretärin dazu anhält, für ihn zu lügen, z. B. anzugeben, er sei nicht da. Muss er sich dann wundern, wenn die gleiche Sekretärin es mit der Wahrheit ihm gegenüber auch nicht so genau nimmt? Der Vorgesetzte untergräbt nicht nur seine eigene Autorität oder die Achtung seiner Mitarbeiter vor ihm, sondern er setzt als schlechtes Vorbild negative zwischenmenschliche Entwicklungen in Gang, die sich früher oder später in der gesamten Unternehmenskultur, im Vertrauen der Mitarbeiter zu ihm und in vielen anderen Bereichen niederschlagen werden.

Angesichts derartiger Entwicklungen und vieler umstrittener Forschungsgebiete wie Gentechnik oder Transplantationsmedizin hat ein deutlicher Ruf nach Orientierung eingesetzt. Der Ruf nach Ethik ist überall zu hören – ein Ruf nach Maßstäben und Kriterien, die uns bei Entscheidungen helfen und als Vorbild dienen können.

Doch ist Ethik in der Lage, diese gesuchte Orientierungshilfe zu sein?

Bevor wir diese Frage beantworten können, müssen wir uns erst einmal im Klaren darüber sein, was Ethik überhaupt ist.

Was ist Ethik? Was ist Moral?

Eine vage Vorstellung davon oder ein inneres Gespür dafür, was Ethik ist, hat im Prinzip jeder. *Fragen Sie sich doch selbst einmal!*

Doch wenn wir mit Worten beschreiben sollen, was Ethik ist, was sie alles umfasst, wird es schwieriger.

Ethik ist inzwischen leider zu einem Modewort avanciert, das gern auch mal als Aushängeschild oder als Legitimation für unrechtes Tun eingesetzt wird. Auch viele Theorien oder Methoden werden kurzerhand gern als Ethik bezeichnet, wenn es der eigenen Sache dient. Kurz gesagt: Nicht überall, wo Ethik „drauf steht", ist auch Ethik „drin".

Darüber hinaus wird Ethik vielfach mit Moral verwechselt. Doch was ist Moral? Moral ist heute eine Art Regelsystem. Ein Regelsystem, das durch Religionen oder besser durch Kirchen, durch die Gesellschaft und durch Traditionen geprägt ist.

Damit ist sie wandelbar und verändert sich im Laufe der Geschichte. Außerdem gilt sie erst recht nicht für alle Menschen dieser schönen Erde gleichermaßen. Das Gegenteil ist häufig der Fall. Was für den einen Menschen oder für die eine Kultur hoch unmoralisch ist, stört einen anderen Menschen oder eine andere Kultur herzlich wenig.

Die Moralvorstellungen unserer westlichen Kultur können wir zum Beispiel nicht einfach auf andere Kulturen übertragen. Denn die Werte, die Welt- und Menschenbilder, die moralischem Handeln als Grundlage dienen können, sind von Kultur zu Kultur sehr unterschiedlich. Für einige Indianerstämme, z. B. die Hopi-Indianer, ist die Verunreinigung von Gewässern etwas Unmoralisches, weil wir damit gegen unsere jüngeren Brüder handeln, gegen die Natur. Ähnliches finden wir auch in der bekannten Rede des Häuptlings Seattle, in der Brüderlichkeit und Verbundenheit zentrale Inhalte sind. Durch diese Naturverbundenheit ist Natur für die Indianer sehr wertvoll. Wir, d. h. unsere westlichen Zivilisationen, sind weit von dieser Moral- und Wertvorstellung entfernt. Unsere Kultur legt ihren Schwerpunkt häufig auf materielle Konsumgüter, die wir für erstrebenswert halten. Ob sie uns wirklich glücklich oder innerlich reich machen, ist dabei die zweite Frage.

Das zeigt uns: Moralisches Handeln ist nicht zwangsläufig mit gutem oder verantwortungsvollem Handeln gleichzusetzen, sondern Moral kann auch egoistisch und nicht für alle Menschen gleichermaßen günstig sein.

Was Moral jedoch mit Ethik zu tun hat, klären wir gleich.

Zunächst: Was ist Ethik? Hat Ethik einen tieferen Hintergrund oder beruht sie ebenfalls auf gesellschaftlichen Konventionen? Ist sie etwas Wandelbares, etwas, das sich ständig, wie wir Menschen selbst, verändert? Ober ist sie dauerhaft? Ist Ethik Menschenwerk, ein Konstrukt oder eine Theorie? Oder ist Ethik das eigentlich Menschliche, das Humane, das, was in uns lebt und uns entsprechende Wertvorstellungen finden hilft? Etwas, das universal *ist*, das ursächlich in der Natur verankert ist?

Und kann Ethik im Gegensatz zu Moral für alle Menschen der Erde gültig sein? Wenn ja, was muss sie erfüllen, damit sie für alle gleichermaßen gilt?

Wenn Ethik Orientierungsmaßstab für alle Menschen sein soll, dann muss sie allgemeingültig sein. Und wann ist Ethik allgemeingültig? Immer dann, wenn sie universal ist. Das bedeutet aber, dass wir nicht als einzelner Mensch einer bestimmten Kultur Ethik zu „erfinden" brauchen. Außerdem würden wir niemals allen Menschen mit unseren persönlichen Ansichten und unserer individuellen Erfindungsgabe gerecht werden. Es würde immer Benachteiligte geben. Das ist ja auch das Problem heutiger Ethikkommissionen: Sie verfolgen in der Regel keinen universalen Ansatz, sondern beziehen sich auf die moralischen Vorstellungen Einzelner.

Viele interessante Ausführungen zum universalen Ansatz von Ethik, den Hermann Knoblauch neu belebt hat, finden wir bei Gottfried von Purucker. Interessant deshalb, weil sie für unser tägliches Leben von immenser Bedeutung sein können und viele bisher kaum beachtete Grundsätze von Ethik zeigen. Ausgehend von einer ganzheitlichen Naturbeobachtung, legt von Purucker folgende Zusammenhänge dar. Er schreibt: „Betrachtet einen Baum. Betrachtet euren Körper. Beide sind aufgebaut aus einer großen Menge kleinerer Teile, geringerer Wesenheiten, die alle zusammenwirken und vereint das Ganze bilden, in dem sie alle leben und atmen und ihr Sein haben und in dem sie an dem gemeinsamen Leben teilhaben."[3]

Was von Purucker hier beschreibt, ist eine umfassende universale Vernetztheit zwischen allen Lebewesen, die wir ins Kleine wie ins Große übertragen können. Das ist kein neuer Gedanke, sondern Weisheit der Zeitalter und aus vielen Kulturen bekannt. Aufgrund dieser universalen Verbundenheit, die wir überall in der Natur finden und die wir wissenschaftlich besonders durch die Ökologie für uns wieder entdeckt haben, sagt er Folgendes zur Ethik:

> „Ethik ist der Ausdruck einer Ordnung nach den Regeln der Harmonie und gründet sich auf die Zusammensetzung und den Charakter des Universums."[4]

Ähnliche Ansätze finden wir auch in der Antike bei Platon. Die Orientierung der Gesellschaft erfolgt am Kosmos. Und der Begriff Kosmos beinhaltet so viel wie Ordnung und Harmonie.

Dieses Ordnungsgefüge, diese Prinzipien und diese Charakteristik des Universums müssen erkannt werden, wenn wir Ethik verstehen wollen. Denn diese Prinzipien oder Gesetzmäßigkeiten bilden die Grundlage für ein ethisch ausgerichtetes Leben.

Ethik enthält somit universale Prinzipien rechter Lebensführung.

Wenn ein Mensch harmonisch handelt, so betont von Purucker, dann handelt er in Übereinstimmung mit universalem Wirken und Gesetz. Harmonie in Gewissen und Denken und daher im Handeln ist das, was die Menschen unter Ethik verstehen. Ethik ist kein Übereinkommen, wie Moral. Ethik hat vielmehr ihre Wurzel in der Harmonie, in den Grundgesetzen des Seins. Sie ist auf die Harmonie gegründet, die den Bau des Universums bestimmt.[5]

Nach Theophrastus Bombastus von Hohenheim (1493–1541), bekannter unter dem Pseudonym Paracelsus, und vielen anderen großen Denkern ist der Mensch ein Spiegel des Kosmos, des Universums. Paracelsus wendet hier das alte Gesetz der Analogie an: wie im Großen, so im Kleinen. Der Mensch ist, betonte Paracelsus, ein Kind der Natur: Wir haben die Fähigkeit, unsere Mutter zu verstehen. Der Mensch hat also die Charakteristik, die Prinzipien des Universums in sich. Somit kann er Ethik verstehen und in sich selbst mehr und mehr entwickeln.

So hat der Mensch nach Paracelsus alles – zumindest als Anlage – in sich, auch ein Gespür für Ethik. Wir haben als Menschen aufgrund unserer Fähigkeiten die Möglichkeit, das, was in uns ist, was Spiegel des Kosmos ist, immer weiter zu entwickeln, uns zu Bewusstsein zu bringen. Hierin liegt ein Schlüssel zu Ethik. Wir haben ein Empfinden für Ethik in uns. Und es ist möglich, dieses immer fort zu kultivieren, wie man ein Stück Land oder einen Garten kultiviert.

Ethik bleibt aufgrund ihrer Universalität auch von Zeit und Umständen unberührt. Also auch ganz ohne Rücksicht auf die vorherrschende Moral. Denn Moral ist, wie ausgeführt, wandelbar; und vor allem: Moral kann auch egoistisch sein. Die Mafia verfügt zum Beispiel über ihre „Berufs"-Moral. Aus ihrer Sicht ist das, was sie tut, persönlich gesehen, gut. Es ist aber nicht ethisch vertretbar. Oder wir finden eine Art Doppelmoral vor, nach dem Motto: Wasser predigen und Wein trinken.

Doch Moral muss nicht von Ethik losgelöst sein. Vielmehr sollte es zwischen Ethik und Moral ein Zusammenspiel geben: Die Moral eines Volkes oder einer Person sollte sich immer mehr an Ethik orientieren.

Was bedeutet das praktisch?

Wenn Sie zum Beispiel Lob ernten für etwas, was Ihr Kollege oder ein Mitarbeiter bewirkt hat – korrigieren Sie dann den Sachverhalt oder lassen Sie das Lob unkommentiert stehen und ernten Dank, der Ihnen nicht gebührt? Mit anderen Worten: Es gibt unzählige Situationen, in denen wir uns egoistisch oder uneigennützig verhalten können. Immer dann, wenn wir gemeinwohlorientiert, altruistisch, selbstlos handeln, orientiert sich unsere Moral an Ethik. Die Natur ist in ihrem fantastischen Zusammenwirken dominant auf dieser Basis aufgebaut, wie wir auch durch neuere Ansätze in der Ökologie wissen.

Ethik zielt also auf die Vervollkommnung des Menschen, die Entwicklung zum Guten im wahrhaft humanen Sinn, die Entwicklung von einer niederen Gesinnung zu einer höheren, wie Kant, von Purucker, Knoblauch und viele andere immer wieder unterstrichen haben. Ethik hat demnach mit Erkenntnis, mit Weisheit zu tun. Mit der Entwicklung des Menschen zum wahrhaft Menschlichen.

Inzwischen gibt es zahlreiche so genannte Ethikkommissionen, die im Bereich der Gentechnik oder der Medizin darüber befinden, was getan werden darf und was nicht. Hier muss man sich allerdings des Öfteren fragen, ob das natürliche menschliche Empfinden, die Weisheit des Herzens, universal gültige Werte und Ethik auch nur ansatzweise in die Entscheidungen eingebracht wurden. Oder ob wir in diesen Bereichen nicht viel zu kühl und berechnend urteilen, zu nutzenorientiert und damit zu unmenschlich und unethisch sind. Auch die Zusammensetzung dieser Kommissionen ist zu hinterfragen. Häufig orientieren sich Kommissionen nur an christlichen Moralvorstellungen. Was ist aber mit den Menschen, die diesen Hintergrund nicht teilen können?

Um nun unsere eingangs gestellte Frage, ob Ethik Orientierung geben kann, zu beantworten, wollen wir festhalten: Da Ethik einen allgemeingültigen, universalen Charakter aufweist, können daraus abgeleitete Grundsätze der Lebensführung und Werte dauerhaft für alle Menschen gültig sein.

Ein wichtiger Teil dieser Charakteristik ist die universale Vernetzung oder Verbundenheit, die Harmonie, aus der sich grundlegende Prinzipien des Zusammenlebens und Zusammenarbeitens ableiten lassen. Zu diesen Prinzipien zählen Kooperation, Pflichterfüllung, Achtung der Würde des Menschen usw. Unsere Handlungen können wir wiederum am Maßstab dieser Prinzipien ethisch orientierter Lebensführung bewerten. Ich kann mich z. B. fragen, ob meine Handlung die Würde des Anderen respektiert. Dies alles sind wichtige Lehrinhalte der Hermann-Knoblauch-Akademie!

Wir können uns überlegen, ob unsere Handlungen mit diesen Prinzipien harmonisch übereinstimmen und mit der Natur, mit den Bedürfnissen unserer Mitmenschen usw. im Einklang stehen, ob sie dem Ganzen, der Gesellschaft, der Familie, den Kollegen zuträglich oder abträglich sind. Erst wenn wir uns mit Allem verbunden fühlen und nicht mehr dem Irrtum unterliegen, dass irgendetwas isoliert oder getrennt von allem existiert, werden wir Ethik wirklich leben können.

Kann Ethik also Orientierung geben? Ja, sie kann. Ethik ist sogar ein phantastischer Orientierungsmaßstab für das Leben, sie zeigt zahlreiche praktische Aspekte für eine ethisch ausgerichtete Lebensführung.

Der kategorische Imperativ von Kant

Ein gutes Instrument, um Ethik in der Praxis zu verwirklichen, gibt uns Immanuel Kant mit seinem kategorischen Imperativ (damit ist ein unbedingtes, nicht an Bedingungen geknüpftes ethisches Gebot oder Gesetz gemeint) an die Hand: „Handle nur nach derjenigen Maxime, durch die du zugleich wollen kannst, daß sie ein allgemeines Gesetz werde.“[6]

Was bedeutet das? Maximen sind allgemeine Orientierungen oder Lebensregeln, wie zum Beispiel: „Sei ehrlich!“, „Lebe gesund“, oder aber auch: „Setze Deinen Vorteil ohne Rücksicht auf andere durch!“. Sie können also altruistisch oder egoistisch orientiert sein. Anhand der Frage nach dem allgemeinen Gesetz können wir wiederum unsere Handlungen und Maximen bewerten.

Dazu sind drei Schritte notwendig, in denen wir uns fragen sollten:

1. Welche Handlungsmöglichkeiten gibt es?
2. Welche Maximen liegen den einzelnen Handlungsmöglichkeiten zugrunde?
3. Welche Maximen entsprechen der Idee des allgemeinen Gesetzes?

Die Frage nach dem allgemeinen Gesetz deutet auf den universalistischen Ansatz von Kant hin. Mit „allgemeinem Gesetz" ist gemeint: Kann ich wollen, dass alle so handeln wie ich jetzt? Nur wenn ich mir wünschen kann, dass die Maxime meines Handelns für alle Menschen gelten bzw. ein allgemeines Gesetz werden sollte, darf auch ich danach handeln. Ein Beispiel verdeutlicht dies: Wenn ich mir wünschen würde, dass alle Menschen lügen dürften und dies ein allgemeines Gesetz sei, dann könnte ich mich auf niemanden mehr verlassen. Auf dieser Grundlage könnte keine Gesellschaft, kein Unternehmen und keine Familie vernünftig zusammenwirken oder erfolgreich sein. Als Konsequenz dieser Überlegung habe ich deshalb als mit Vernunft begabter Mensch die innere Verpflichtung, immer die Wahrheit zu sagen.

Um zu entscheiden, ob wir wollen können, dass etwas „allgemeines Gesetz werde", sind allerdings einige Schritte erforderlich. Zum Beispiel die Überlegung, in welchem Weltbild, mit welchem Naturverständnis und innerhalb welchen Menschenbildes wir untersuchen und entscheiden wollen. Unser westliches Denken mit seinem überwiegend materialistisch-mechanistischen Ansatz geht in vielen Punkten nicht so weit wie ein Denken in universalistischen Weltbildern. Die Fragen „Was ist Leben?", „Was ist Bewusstsein?" oder „Was ist Natur?" werden darin zum Beispiel ganz unterschiedlich beantwortet. Entsprechend können auch die Tragweiten unseres eigenen Denkens und Handelns anders bewertet werden. Mehr darüber können Sie übrigens in weiteren Vorträgen und im Studium der Hermann-Knoblauch-Akademie erfahren.

Kant vertrat wie von Purucker und Knoblauch einen universalistischen Ansatz. Sein kategorischer Imperativ lässt sich in Anknüpfung an von Purucker auch in der Frage fassen: „Entspricht meine Handlungsmaxime dem Grundgedanken universaler Harmonie und eines ganzheitlich vernetzten Zusammenwirkens aller Lebewesen?"

Diese Frage ist für Leitbilder von Unternehmen genauso wichtig wie für das tägliche Zusammenleben. Denn hierin ist auch der Aspekt der Würde des Menschen enthalten, den Kant ebenfalls als Teil seines kategorischen Imperativs formuliert hat. Wenn die Achtung des Anderen zum Leitmotiv von Führungsgrundsätzen wird, ist die wichtigste Voraussetzung für ein Klima des Vertrauens und für eine konstruktive Zusammenarbeit gegeben. Doch nicht nur Führungskräfte, sondern jeder einzelne Mitarbeiter muss dies verwirklichen. Dazu gehört u. a. die Bereitschaft, Verantwortung zu übernehmen und über die eigenen Ressortgrenzen hinaus zu denken, sich soziale und moralische Kompetenz anzueignen und diese auch zu leben, d. h. füreinander da zu sein, Herzenskultur zu pflegen, sich gegenseitig zu helfen – ein ideales Unternehmen entstünde, in dem Wissen transparent wird und die Motivation hoch ist!

Genau an dem Fehlen dieser Merkmale krankt unser Berufsleben oft so sehr. Doch genau hier kann jeder Einzelne ansetzen und beginnen, umzudenken, sein Wissen und seine Einstellungen, seine Empfindungsfähigkeit zu erweitern und ethisch orientiert zu handeln.

Ethik und Konflikte

Für die Praxis gibt es jedoch kein Patentrezept, keine Programm mit vorgefertigten Verhaltensweisen, sondern es kommt immer auf die innere Einstellung und auf unsere Erkenntnisfähigkeit und unseren Erkenntniswillen, auf Zivilcourage und Aufrichtigkeit uns selbst gegenüber an.

Denn eines ist sicher: Als Mensch können wir wählen. Wir können immer wieder neu entscheiden, was wir tun oder lassen wollen. Dieser freie Wille ist es, der uns gestattet, verantwortungsvoll und nach unserem Gewissen zu handeln.

Das wussten auch schon Generationen vor uns: Freiheit und Verantwortung gehören zusammen. Wenn ich die Freiheit besitze, mich für etwas zu entscheiden, dann habe ich auch die Verantwortung dafür.

Wenn ich mich als Ingenieur entscheide, billige Baumaterialien einzusetzen, kann ich hinterher nicht sagen, das eingestürzte Haus ginge mich nichts an.

Können wir jedoch etwas tun, wenn ein Vorgesetzter von uns verlangt, dass wir lügen?

Ja, wir können. In jeder Situation können wir lernen, können wir versuchen, das in die Tat umzusetzen, was wir als gut erkennen und empfinden. Wenn wir uns nach einem friedlichen, harmonischen Arbeitsalltag sehnen, besteht der erste Schritt darin, dass wir selbst damit beginnen. Wir können nicht auf die anderen hoffen. Das ist gelebte Ethik.

Das ist natürlich nicht immer ganz leicht – aber meistens lohnt sich der Einsatz.

Unser Gewissen und unsere Intuition werden dabei verlässliche Wegweiser sein. Natürlich gehört eine Portion Mut zum eigenen Gewissen, zum eigenen Empfinden dazu und dass wir unser Gewissen und unsere Intuition schulen. Auch hierüber können Sie mehr in der Hermann-Knoblauch-Akademie erfahren. Und in dem Maße, wie wir unser Gewissen nutzen und unsere Intuition entfalten, auf diese inneren Stimmen in uns hören, werden wir jeden Tag ein kleines bisschen mehr Ethik in die Praxis des Alltags tragen.

Die allseits geforderte Teamfähigkeit wird zum Beispiel nicht durch organisatorische Rahmenbedingungen geschaffen, sondern durch soziale und moralische Kompetenz, durch ein offenes Kommunikationsverhalten und durch konsequente Ehrlichkeit aller Mitarbeiter. Und durch die Möglichkeit, bei Gewissenskonflikten Anhörung zu finden. Diese Eigenschaften gilt es zu fördern und vorzuleben. Eine Voraussetzung dafür ist, sich verantwortlich zu fühlen – für sich selbst und für andere, und auch für die Natur. Das bedeutet, sich immer wieder die Frage zu stellen: „Kann ich wollen, dass alle so handeln wie ich jetzt?"

Ethik und Pflichten

Ethik zeigt auch, dass die Übernahme von Pflichten, die Erfüllung von Pflichten, ein wahrer Wunderschlüssel zur Lösung vieler Probleme ist.

Normalerweise hören wir nur von unseren Rechten. Die Menschenrechte sind uns wohl vertraut. Die andere Seite der Medaille, die dazugehörigen Pflichten, wird aber fast immer vernachlässigt.

Wie bedeutsam jedoch eine weltweite Etablierung von Pflichten zur Lösung zahlreicher Krisen und insbesondere des „Ethikdefizits in der Gesellschaft" ist, zeigt bereits das einfache Beispiel einer Familie: Familiärer Frieden – so auch globaler Frieden – beruht auf gegenseitiger Pflichterfüllung, nicht auf dem Pochen auf Rechte.

Den Wert von Pflichten zu erkennen ist eine der wichtigsten Aufgaben, die sich uns stellt. Denn Pflichterfüllung würde alle Forderungen nach vermeintlichen Rechten aufheben. Wenn alle Menschen ihre Pflichten erfüllen würden, bräuchte sich niemand um seine Rechte zu kümmern. Es wäre ein automatisches Geben und Nehmen. Es wäre ein Handeln mit der Natur, im Einklang mit der universalen Verbundenheit von allem, was existiert.

Aus diesem Grunde wies Hermann Knoblauch schon seit Jahrzehnten immer wieder nachdrücklich auf die Bedeutung von Pflichten hin:

> „Die Erfüllung von Pflichten ist eine Grundvoraussetzung für Harmonie und weltweiten Frieden. Allein diese Erkenntnis ist umfassend und gravierend. In die Tat umgesetzt, würde sie nicht nur unser eigenes Leben verändern, sie würde darüber hinaus zu einer Verständigung der Völker untereinander führen."

Ethisch orientiert leben – wir können sofort damit beginnen

Wenn Immanuel Kant schreibt, dass der Mensch nur durch Erziehung Mensch werden kann, gilt dies insbesondere auch für die Anwendung von Ethik. Wenn Kinder ihre Eltern Dinge tun sehen, die ihnen selbst verboten sind, erwächst hieraus den Eltern gegenüber nicht nur Respektlosigkeit, sondern – und das ist weitaus schlimmer – ein Gefühl der Missachtung gegenüber der inneren Schönheit ethischer Lehren.

Wenn Eltern beispielsweise rauchen und Ihren Kindern des Rauchen verbieten, machen sie sich unglaubwürdig. Wenn eine Mutter ihrem Kind sagt: „Der Bäcker hat zu, lass uns weitergehen", obwohl das Kind genau sieht, dass der Bäcker geöffnet hat, verliert es sein Gespür für Wahrheit und damit für die Bedeutung ethischer Lehren.

Wenn wir also wollen, dass unsere Welt menschenwürdiger wird, sollten wir bei uns selbst beginnen und ein Vorbild für andere sein.

Lassen wir nicht zu, dass weiterhin eine Art „Gedankensmog" die reine Luft der Humanität, unser Empfinden für Ethik, für die Weisheit unserer Herzen verschmutzt. Genauso wie wir Umweltschutz betreiben, müssten wir eigentlich auch Gedankenschutz betreiben und unser Herz für Ethik und Humanität offen halten und diese Einstellung im Beruf und im Alltag anwenden.

Daraus ergeben sich enorme Chancen für ein humaneres Miteinander, einen verantwortungsvollen Umgang mit der Natur und für die eigene Zufriedenheit und das Selbstwertgefühl jedes Einzelnen – privat wie auch beruflich. Denn sich selbst gegenüber integer zu sein, auf sein Gewissen zu hören, die eigene Verantwortung und die eigenen Pflichten zu erkennen, nach Harmonie und Kooperation zu streben – dies alles sind die besten Voraussetzungen für ein harmonisches, sinnerfülltes Arbeitsleben und eine lebenswerte Zukunft.

---

* Dr. rer. pol. Manola Märtens, Diplom-Ökonomin;
Dr. rer. hort. Marion Pusch, Dipl.-Ing. agr.

1 Vgl. Kaufmann, F.-X.; Zulehner, P. M.: Bewußtseins-Anpassung. Religiöse Indifferenz und Opportunismus. In: Kaufmann, F.-X.; Kerber, W.; Zulehner, P. M. (Hrsg.); Ethos und Religion bei Führungskräften. München, 1986, S. 257–286. Auch Dreher kommt im Rahmen einer Auswertung der Emnid-Studie 1994 zu dem Schluß: „Fest

steht, daß sich Gemeinsinn und Gemeinschaft auflösen wie das Ozon über den Polen" (Dreher, W.: Ein Volk auf dem Ego-Trip. In: Focus, Nr. 27, 3.7.1995, S. 52–60).

[2] Vgl. Zachert, H.-L.: Korruption in der Verwaltung. In: CD Sicherheits-Management, o. Jg., 1994, Nr. 4, S. 11–24.}

[3] Von Purucker, G.: Goldene Regeln. Stuttgart, [2]1949, S. 110–111

[4] Von Purucker, G.: Goldene Regeln. Stuttgart, [2]1949, S. 111

[5] Vgl. Von Purucker, G.: Goldene Regeln. Stuttgart, [2]1949, S. 111

[6] Kant, I.: Grundlegung zur Metaphysik der Sitten. Hamburg (Meiner), [7]1994.

Solange der Ursprung des Menschen, die
Entstehung von Welten, Sonnen und Universen
auf materieller Basis gesucht werden, geht die
Ursachenforschung an den Ursachen vorbei.

Hermann Knoblauch

Evolution im Dialog von Wissenschaft und Philosophie

Claudia Baß und Ute Kampmann *

Woher kommen wir? Warum leben wir? Wohin gehen wir? Diesen Lebensfragen sind Wissenschaftler und Philosophen aller Kulturkreise immer wieder nachgegangen. Welche zentralen Erkenntnisse lassen sich aus Überlieferungen und dem aktuellen Stand der Forschung ableiten? Und welche Perspektiven ergeben sich daraus für unser eigenes Leben und unser Selbstverständnis?

„Die Welt verändert sich mit unserem Denken“, betonte Hermann Knoblauch, Gründer des Netzwerks für interdisziplinäre Ursachenforschung und der Hermann-Knoblauch-Akademie – Mensch · Natur · Zukunftswissenschaften immer wieder. Seine Worte sind eine deutliche Aufforderung zum Umdenken in unserer so unruhigen Zeit. Immer wieder hat er im Netzwerk darauf hingewiesen, wie zentral das *Denken* unsere Einstellung, unser Leben, die Wissenschaft und ihre Interpretationen und unsere Zukunft beeinflusst.

Aus diesem Grunde möchten wir im Folgenden einige Perspektiven und Aspekte aufzeigen, die bei den unterschiedlichen Evolutionstheorien meist ausgeklammert wurden, obwohl sie von fundamentaler Bedeutung sind.

Hannover bietet zur Zeit eine gute Gelegenheit, dies einmal genauer zu untersuchen: die EXPO 2000. Wir können empfehlen, die Weltausstellung einmal unter dem Aspekt des „Denkens" zu besuchen. Vergleichen Sie einmal die Pavillions der Kulturen: die feinen handgefertigten Schnitz- und Malkünste von Bhutan oder Nepal mit der technischen Darstellung von Russland; oder vergleichen Sie Jemen und die Vereinigten Arabischen Emirate mit Schweden. Aber auch die „Weltweiten Projekte" bieten interessante Denkansätze, wie z. B. das Aufforstungsprojekt von Finnland, das Projekt „Living Lakes" oder das „Barefoot College in Indien", das sich für seine Dorfgemeinschaft die Regel zugrunde gelegt hat, von der Natur nur so viel zu nehmen, wie die Gemeinschaft wirklich braucht. Jedes dieser hervorragenden Projekte zeugt dafür, wie unterschiedlich wir denken, und vor allem, *dass* wir denken!

Bereits der römische Kaiser Marc Aurel (121–180), der von der stoischen Philosophie stark geprägt war, ermahnt in seiner Schrift „Selbstbetrachtungen": „Unser Leben ist das, wozu unsere Gedanken es machen." Und auch Platon wird der Satz zugeschrieben: „Gedanken (Ideen) bauen Zivilisationen auf und zerstören sie." Es ist also das Denken an sich, durch das wir unsere ganz spezifische „Erkennung" erhalten, unseren ganz spezifischen Stempel, auf dem steht: „Der Mensch ist ein Denker!" Wenn wir nun im Folgenden über Evolution sprechen, wird es vorangig um die Evolution des „Denkens" gehen.

Der Beitrag gliedert sich in drei Abschnitte:

- Der Aufbau von Zivilisationen auf Gedanken
- Evolutionsvorstellungen aus Wissenschaft und Philosophie
  a) Evolution „von unten" am Beispiel des Darwinismus
  b) Evolution „von oben", philosophisch-religiöse Ansätze
- Konsequenzen und offene Fragen aus dem Dialog von Wissenschaft und Philosophie

1 Der Aufbau von Zivilisationen auf Gedanken

Betrachten wir zunächst drei Beispiele:

1. Die *Osterinselstatuen:* Sie gehören zu den ältesten Zeugnissen menschlicher Kulturen. Ihr geistiges Erbe konnte die Wissenschaft bis heute nicht enträtseln.
2. Die *Bhagavad-Gita:* Sie zählt zu den meistübersetzten Büchern der Weltliteratur und gehört zu den bedeutendsten philosophischen Schriften. Sie berichtet bildhaft von dem inneren Ringen des Arjuna, der stellvertretend für jeden Menschen steht. Er ringt danach, das egoistische niedere Denken und Wünschen zum höheren, altruistischen Denken und Wünschen zu erheben. Es ist das unvollkommene Menschliche, das sich fragend, zweifelnd und hoffend an das Höhere, das Göttliche im Menschen wendet. Dieses Ringen wird in einem Gespräch zwischen Arjuna, dem Krieger, und dem Gott Krishna dargestellt, der hier als sein Freund, Begleiter und geistiger Lehrer auftritt.
3. Die *Kolbendampfmaschine:* Diese technische Innovation von James Watt stand am Anfang der gewaltigen technischen Revolution, die wir heute erleben. Es ist eine Revolution, die einerseits mit vielen technischen Errungenschaften das tägliche Leben erleichtert hat und schnelle Mobilität ermöglicht, andererseits aber eine Umweltverschmutzung ungeahnten Ausmaßes nach sich gezogen hat.

Es stellt sich die Frage: Was haben diese Beispiele gemeinsam? Alle drei sind, trotz ihrer Unterschiedlichkeit, *Produkte unseres Denkens.* Wir können daher bereits an dieser Stelle die These aufstellen, dass unsere gesamte Menschheitsgeschichte das Zeugnis von einer ununterbrochenen geistigen Evolution ablegt.

Ein Blick auf die Geistesgeschichte bestätigt eine stetige geistige Evolution und Anwendung neuer Erfahrungen.[1] Z. B.:

- *Gautama Buddha* (ca. 350 v. u. Z.[2]) zählt zu den bedeutendsten Religionsstiftern. Seine Lehren läuteten in seinem Geburtsland Indien und darüber hinaus für den gesamten asiatischen Kontinent eine neue Ära der Geistesgeschichte ein.

- *Platon* (ca. 428–327 v. u. Z.) errichtete ein philosophisches Gedankengebäude, das wie kein anderes in der abendländischen Geistesgeschichte nachwirkte. So können nach Alfred North Whitehead, englischer Philosoph und Mathematiker, der über 20 Jahre als Professor an der Harvard-Universät lehrte, alle abendländischen Philosophien als „Fußnoten zu Platon" verstanden werden.
- *Gottfried Wilhelm Leibniz* (1646–1716) gilt als einer der bedeutendsten und schöpferischsten Universalgelehrten. Er war Diplomat, Jurist, Historiker, Mathematiker, Physiker und Philosoph in einer Person. Friedrich der Große (1712–1786) nannte ihn daher „eine Akademie für sich". Durch die Entwicklung des dualen Zahlensystems war er Wegbereiter des modernen Computerzeitalters.
- *Hermann Hollerith* (1860–1929) war ein weiterer Wegbereiter für unsere neue technische Revolution. Er erfand die Lochkarte und entwickelte 1885 eine elektromechanische Zählmaschine, die Vorläufer des heutigen Computers.
- *Gottfried von Purucker* (1874–1942) war als Philosoph *und* Kenner der Naturwissenschaften ein Pionier interdisziplinären Denkens. Als Sprachwissenschaftler beherrschte er mehr als 10 Sprachen, darunter auch alte Kultursprachen wie Sanskrit und Altgriechisch. Dadurch war er imstande, die Urtexte alter philosophischer und religiöse Werke aus unterschiedlichen Kulturen in der Originalsprache zu lesen und zu interpretieren. Seine sowohl philosophischen und religiösen als auch naturwissenschaftlichen Kenntnisse machten ihn zu einem Vorreiter interdisziplinären Denkens.

Das, was diese und viele andere Denker auszeichnet, sind ihre *geistigen Fähigkeiten*. Das, was sie und natürlich auch andere am meisten auszeichnet, sind ihre *Ideen*. Ihre *Ideen* waren es, die maßgeblich die Entwicklung der östlichen und westlichen Geistesgeschichte geprägt haben und damit ganz entschieden auch die individuelle geistige Entwicklung eines jeden von uns. Ideen und damit das Denken *an sich* müssen daher unzweifelhaft im Zusammenhang mit Evolution eine entscheidende Rolle spielen. Gedanken geben Impulse, geben Richtungen an und stellen Normen auf. Dazu schreibt Gottfried von Purucker: „Alle Zivilisationen sind auf Gedanken aufgebaut. Denn was ist eine Erfindung? Ein Gedanke. Was ist Literatur? Gedanken. Was sind Philosophie, Religion und Wissenschaft? Gedanken. Was ist die Gesellschaftsstruktur, in der wir leben? Gedanken. Jede Bewegung in der heutigen Welt ist auf Gedanken aufgebaut: auf sozialen, politischen, philosophischen, religiösen, wissenschaftlichen und anderen. Neun von zehn dieser Bewegungen begannen im Gemüt eines Menschen und breiteten sich aus."

Eine Synthese des Denkens

Von Purucker unterscheidet drei grundlegende Denk- oder Betrachtungsweisen, über die der Mensch verfügt[3]:

- *Wissenschaftliches Denken*, das fragt: „Wie funktioniert etwas?"
- *Philosophisches Denken*, das fragt: „Warum funktioniert etwas auf diese Weise?"
- *Religiöses Denken*, das eine innewohnende Sehnsucht beschreibt, ein Bestreben, die Dinge in ihrer Tiefe wirklich verstehen zu wollen.

Von Purucker stellt daher die These auf und erläutert: „Religion, Philosophie und Wissenschaft müssen sich vereinigen, und zwar gleichzeitig, wenn sie zu den tatsächlichen Wahrheiten der Natur gelangen wollen."[4] Nach von Purucker würde somit eine Trennung dieser Denkmöglichkeiten zu einer einseitigen Entwicklung, d. h. Evolution führen, wie bei einer Reflexion der abendländischen Geistesgeschichte deutlich wird. In diesem Sinne sprechen inzwischen auch jüngere interdisziplinäre Ausführungen von einer dringenden Notwendigkeit eines „ganzheitlichen Denkens".[5] Hermann Knoblauch zählt hierbei zu den Wegbereitern des Umdenkens. Bereits zu einer Zeit, in der Wissenschaft und Wirtschaft ausschließlich auf Spezialistentum setzten, erkannte er, dass diese Spezialisierungen für unsere umfassenden Probleme von Mensch und Natur denkbar ungeeignet ist. Er forderte wiederholt zu einem Umdenken auf. Seinem Konzept für ein zukunftsorientiertes Umdenken liegt ein fächerverbindendes, also interdisziplinäres Denken zugrunde.

Auch Max Planck, einer der führenden und bedeutendsten Physiker des 20. Jahrhunderts und Zeitgenosse von Puruckers, gelangte aufgrund seiner Forschungen zu der Erkennntis: „Denn die Wissenschaften, Natur- und Geisteswissenschaften, sind nun mal an keiner einzigen Stelle scharf voneinander zu trennen. Sie bilden vielmehr ein einheitliches fest verflochtenes Gewebe. [...] Wissenschaft, Religion und Kunst lassen sich niemals vollständig voneinander trennen. Stets ist das Ganze noch mehr als die Summe seiner Teile."[6] Dazu schreibt die Physikerin Heidrun Bethge, Mitarbeiterin des Netzwerks für interdisziplinäre Ursachenforschung: „Eine Analyse der ein Atom zusammensetzenden Elementarteilchen wird niemals alle Eigenschaften dieses Atoms ans Tageslicht bringen können. Es bleibt ein ungeklärter Rest übrig, der die Charakteristik des Atoms ausmacht."[7] Es stellt sich dabei die Frage: Was ist dieser ungeklärte Rest, und wie kann er „gefunden" werden?

Denken – der ungeklärte Rest?

Wir finden hier ein sehr klares Prinzip wieder und ein sehr klares Beispiel für eine sehr enge Verbindung von Wissenschaft und Philosophie bzw. Religion[8]. In diesem Sinne weisen viele bekannte Persönlichkeiten auf diese Synthese des Denkens hin, wie Werner Heisenberg, Hans-Peter Dürr, Albert Einstein, Gottfried von Purucker, Hermann Knoblauch u. a. Insbesondere auch durch die Erkenntnisse in der Quantenphysik wird zunehmend deutlich, auf wie engem Raum sich inzwischen wieder Philosophie und Wissenschaft bzw. Naturwissenschaft begegnen.[9] Es ist das „Mehr", um das es geht!

Im Hinblick auf die Evolution stellt sich bei einer rein wissenschaftlichen Analyse des Menschen also die berechtigte Frage, was den so genannten ungeklärten Rest, die menschliche Charakteristik, ausmacht. Vor dem bereits ausgeführten Hintergrund kann die These aufgestellt werden, dass ein ganz wesentlicher Teil dieses ungeklärten Restes, des „Mehr", das *Denken* ausmacht.

Mit Blick auf die Evolution gab Hermann Knoblauch der Akademie bei deren Gründung daher eines seiner wichtigsten Anliegen für eine zukunftsorientierte Forschung und Lehre mit auf den Weg: „Solange der Ursprung des Menschen, die Entstehung von Welten, Sonnen und Universen auf materieller Basis gesucht werden, geht Ursachenforschung an den Ursachen vorbei."[10]

2 Evolutionsvorstellungen aus Wissenschaft und Philosophie

Was bedeutet nun „Evolution" im ursprünglichen Sinn? Der Begriff „Evolution" stammt von dem lateinischen Verb „evolvere", das so viel bedeutet wie: etwas „herausentwickeln", „ausrollen" oder „entfalten"[11], ebenso wie große Denker und Vordenker ihre Ideen aus sich heraus entwickelt haben. Hermann Knoblauch hat für die Bedeutung von Evolution oft das sehr anschauliche Beispiel einer Haselnuss gebracht: Unter bestimmten Bedingungen kann aus dieser Haselnuss etwas hervorgehen, das hier und jetzt noch *nicht sichtbar* vorhanden ist. Die *Fähigkeit* aber, ein Haselnussstrauch zu werden, ist bereits *latent* in der Haselnuss vorhanden. Das bedeutet, dass etwas herausentwickelt wird, das in irgendeiner Art und Weise bereits vorhanden ist. Dieser Punkt ist im Hinblick auf die Evolution des Menschen sehr wichtig und sollte für die weiteren Ausführungen im Blick behalten werden.

Wie ist es nun möglich, dass diese genialen Erfindungen erdacht werden und diese tiefen philosophischen, religiösen Fragen völlig kulturunabhängig gestellt werden.[12] Woher kommen die Inspirationen? Was ist es, das mehr oder weniger latent im Menschen verankert ist? Was ist dieses „Mehr"? Und welche Bedeutung hat es im Hinblick auf Evolution?

Die Antworten hierauf sind sehr unterschiedlich, insbesondere in einem interdisziplinären Vergleich. Zwei große Strömungen sind dabei zu unterscheiden:

- eine „Evolution von unten“
- eine „Evolution von oben“

Der im Westen sehr populär gewordene Darwinismus[13] steht im philosophischen Sinn für eine „Evolution von unten“, und insbesondere östliche Philosophien, aber auch einige abendländische, können der Kategorie „Evolution von oben“ zugeordnet werden. Beide werden nachfolgend erläutert und tabellarisch zusammengefasst.

Evolution „von unten“	**Evolution „von oben“**
naturwissenschaftliche Ansätze z. B. Darwinismus	philosophisch-religiöse Ansätze z. B. chin. Universismus, ind. Philosophie, Platonismus
• *Materialistische Weltdeutung:* Alles Leben entwickelt sich aus der Materie	• *Ganzheitliche Weltdeutung:* geistiges, unpersonifiziertes Grundprinzip als Grundlage allen Seins
• Annahme zufälliger und zielloser Evolution durch die zufällige Änderung des Erbgutes	• Annahme einer auf geistigen Kräften beruhenden universalen Vernetzung, die auf einer kosmischen Ordnung beruht
• *Ziel der Evolution:* Entstehung von Arten durch das Überleben der Tauglichsten im „Kampf ums Überleben“ – durch Konkurrenz, natürliche Auslese und Isolation	• *Evolution ohne Ziel:* Das Hervorbringen dessen, was bereits latent vorhanden ist; Evolution der „Seele“[14] zum „Höheren“ und damit zu Mitleid und Hilfe für Schwächere, Altruismus

1. Evolution „von unten" am Beispiel des Darwinismus[15]:

Darwins Modell zur Erklärung der Entstehung von Arten liegen drei Hauptthesen zugrunde, die auf einer materialistischen Weltdeutung basieren:

- Die erste These besagt, dass sich „Leben" und „Bewusstsein" im Laufe einer Jahrmillionen langen Evolution aus „toter Materie" entwickelt haben. Die Evolution wird demzufolge als „aus der Materie kommend" angenommen, philosophisch gesprochen als von „unten" – eine letztlich wissenschaftlich unbeweisbare Spekulation. Wenn wir aber nun von einer „Veränderung der Materie" sprechen, können wir nicht von Evolution, im Sinne von „etwas herausentwickeln", sprechen. Hermann Knoblauch hat wiederholt darauf hingewiesen, dass es sich demzufolge beim Darwinismus lediglich um eine Transformationslehre[16] der Formen handelt.
- Die Annahme einer zufälligen Evolution durch die zufällige Änderung des Erbgutes ist die zweite These des Darwinismus.
- Die dritte These postuliert eine Evolution ohne Ziel: die Entstehung von Arten durch das Überleben der Tauglichsten im „Kampf ums Überleben" – vorrangig durch Konkurrenz, natürliche Auslese und Isolation.

2. Evolution „von oben" am Beispiel der indischen Philosophie, des chinesischen Universalismus und des Platonismus:

- Dem ganzheitlichen Ansatz liegen zwei Faktoren zugrunde: 1. die Unendlichkeit. Sie steht für die Annahme einer anfanglosen und endlosen, d. h. ewigen Existenz allen Seins. 2. Hinter dem Sichtbaren, der Materie, wirkt ein geistiges, unpersonifiziertes Grundprinzip.
- In diesem unpersonifizierten geistigen Grundprinzip liegt zum einen eine universale Vernetzung begründet und zum anderen eine daraus resultierende kosmische Ordnung. Hierauf gründen sich ethische und moralische Lehr- und Grundsätze.
- Als Ziel der Evolution wird die Vervollkommnung der Seele angesehen, die Entwicklung der Seele zum „Höheren". Der

Mensch hat demnach die Aufgabe, sein egozentrisches Denken zu läutern und den Blick immer weiter auf das allgemeine Wohl zu richten: gegenseitige Hilfeleistung, Hilfe für Schwächere, Unterweisung für Unwissende und unpersönliche Liebe. Auf diesem Weg, so heißt es, sei eine geistige, gedankliche bzw. spirituelle Schulung notwendig.[17]

Der Unterschied zwischen den beiden Theorien ist deutlich zu sehen: Die materialistische Annahme ist im westlichen Kulturraum weit verbreitet. Obwohl wissenschaftlich *nicht* bewiesen, finden wir die darwinistischen Spekulationen in Schulbüchern, in wissenschaftlicher Fachliteratur, in Museen usw. Die philosophisch-religiösen Überlieferungen hingegen werden in unserer heutigen technisierten Welt in den eben genannten Medien kaum erwähnt und als wissenschaftlich nicht nachweisbar eher zum persönlichen Glaubensbereich gezählt.

Es sind gerade diese entscheidenden Unterschiede, die im Netzwerk für interdisziplinäre Ursachenforschung wiederholt zu einer intensiven Überprüfung der Grundannahmen Darwins zur Evolution angeregt haben. Im folgenden werden die drei o. g. Grundthesen des Darwinismus im interdisziplinären Dialog diskutiert, d. h., neuere biologische Erkenntnisse werden mit philosophischen Aussagen in Verbindung gebracht.

Revision des Darwinismus

1. Materie ist relativ

Seit Darwins Lebzeiten hat sich das Verständnis von Materie gänzlich gewandelt. Die damals vorherrschende Anschauung der klassischen Physik von Materie, die auf den Axiomen Newtons gegründet war, wurde zum einen durch die Relativitätstheorie Einsteins und zum anderen durch die Quantenphysik relativiert. Eine Trennung bzw. Unterscheidung von Energie und Materie ist heute nicht mehr eindeutig. Während noch vor einigen Jahren Bewusstsein, Denken oder Gefühle als Kräfte oder Bewegungen der Materie aufgefasst wurden, wird heute zunehmend angenommen, dass Bewusstsein die Grundlage der Materie ist, wie z. B. Max Planck es ausdrückte.[18]

Es stellt sich daher in Bezug auf den Darwinismus erneut die Frage: Was liegt dem Formenwandel, der Transformation, der Artenentwicklung tatsächlich zugrunde? Durch die Quantenphysik und ihre neue Definition von Materie wird die Kluft zwischen Wissenschaft und alter Philosophie immer schmaler, insbesondere im Blick auf die östlichen Philosophien.[19] In ihnen ist häufig eine Polarität zu finden, in der Geist bzw. Energie und Materie einander bedingen, wobei das geistige Prinzip oftmals als die eigentliche Grundlage angesehen wird.[20] Wie ist das zu verstehen?

Eine Analogie aus dem täglichen Leben verdeutlicht das Prinzip. Es spielt eine entscheidende Rolle bei der weiteren Betrachtung von Evolution: Betrachten wir ein Haus und seinen Architekten. Es ist völlig gleich, wie viele Backsteine, wieviel Zement oder Mörtel, Stromkabel oder Dachziegel, Fenster oder Türen vorhanden sind. Um ein stabiles Haus bauen zu können, bedarf es eines Architekten, der sich genauestens mit dem Material und den Berechnungen auskennt. Ähnliche Analogien für die Notwendigkeit, dass Materie durch Bewusstsein bzw. Geist gestaltet wird, sind bildhaft in vielen Schöpfungsmythen zu finden.[21]

Die Mythen vermitteln eine immer wiederkehrende zentrale Idee: Hinter allem Sichtbaren, hinter dem, was die Wissenschaft Materie nennt, wird Bewusstsein, Intelligenz bzw. Geist als die eigentliche Triebfeder angenommen.

2. Der Fall des Zufalls

Es ist schon erstaunlich, wie weit der Begriff „Zufall“ immer noch verbreitet ist. Durch die Wissenschaft ist lange schon ein hohes Maß an Ordnung in der gesamten Natur und im gesamten Universum nachgewiesen.

- *Das Sonnensystem:* Planeten kreisen in exakten Bahnen um eine Sonne, und ihre Stellung kann vorausberechnet werden, ebenso wie Sonnen- und Mondfinsternisse.
- *Das Auge:* Sowohl der Aufbau eines Auges als auch die elektrochemische Reizweiterleitung und -verarbeitung von Sinnesein-

drücken sind klare Belege für eine überall in der Natur vorzufindende Ordnung und systematisch zusammenhängende Strukturen, die mit einem größeren Ganzen zusammenwirken.

- *Sonnenblumensame:* Ein Sonnenblumensame ist in der Lage, aus Licht, Luft Erde und Wasser eine hochkomplexe und differenzierte Struktur aufzubauen, eine Sonennblume. Sie ist aus einem Verband von Abertausenden Zellen aufgebaut, die exakt aufeinander abgestimmt sind. Zusammen vollbringen sie dieses großartige Meisterwerk „Sonnenblume".

Es sind ganz eindeutig Ordnungsprinzipien sowohl im Makrokosmos als auch im Mikrokosmos wissenschaftlich nachgewiesen. Diese Ordnung wird auf das unbestimmt definierte Wirken so genannter *Naturgesetze* zurückgeführt. Gleichzeitig finden wir überall dort Ordnung vor, wo Ideen bzw. Gedanken Ordnung erzeugt haben, wie der Architekt das Ordnungssystem Haus erzeugt hat.[22]

Viele philosophisch-religiöse Systeme sprechen ebenfalls von einer kosmischen Ordnung, die allem inhärent innewohnt. Im Indischen zum Beispiel ist sie u. a. unter dem Begriff „dharma" bekannt, im Altindischen unter „rita".[23] In dieser kosmischen Ordnung ist ebenfalls die Lehre von Ursache und Wirkung (karma) begründet. Sie besagt, dass im gesamten Universum jeder Wirkung eine jeweils entsprechende Ursache vorausgeht. Auch diese alte Lehre ist durch die Naturwissenschaft, insbesondere durch die Physik, vielfach bestätigt worden. Die bereits lange fällige Schlussfolgerung hieraus ist, dass der so genannte „Zufall" wortwörtlich „zu Fall" gebracht wurde.

Das Netzwerk für interdisziplinäre Ursachenforschung stellt vor diesem Hintergrund ganz entscheidende Fragen: Was bedeutet jetzt eigentlich der „Fall des Zufalls" in seiner ganzen Konsequenz? Welche Folgen erwachsen daraus für die wissenschaftliche Forschung und ihre Theorien, wie z. B. die Urknall-Theorie? Und was bedeutet das für unser ganz individuelles Leben? Die These, es gibt keinen Zufall, sondern ausschließlich Ordnung, bedeutet weiter: Jeder Handlung liegt eine Ursache zugrunde, auch wenn sie im Moment vielleicht noch nicht so offensichtlich zutage tritt. Den Zufall konsequent zu streichen bedeutet weiter, auch unser Leben, unsere Handlungen und damit natürlich auch unser Denken von Grund auf neu zu überdenken. Es bedeutet weiter, dass wir selbst die Ursachen für unser eigenes Leben legen, für unsere Gesellschaft und für globalen Frieden oder für die zunehmende globale Zerstörung.

3. Friedliche Koexistenz und Kooperation statt Konkurrenz und natürliche Auslese im Kampf ums Dasein als Haupttriebfedern der Evolution

Auch zu diesem Punkt müssen neue Perspektiven herangezogen werden, denn seit Darwin konnte durch zahlreiche Forschungsarbeiten beleget werden, dass insbesondere die friedliche Koexistenz und Kooperation das Zusammenleben von Lebewesen kennzeichnen. Hier wurde eine geradezu erdrückende Beweislast zusammengetragen, die deutlich macht, wie „weise" die Natur auf allen Stufen der Evolution angelegt ist.[24] Die Probleme beschränkter Ressourcen hat die Natur nicht in erster Linie durch Konkurrenz gelöst, sondern in erster Linie durch:

a) friedliche Koexistenz

- durch Aufteilung eines Lebensraumes in ökologische Nischen u. a. aufgrund
  - unterschiedlicher Nahrung
  - der Aktivität zu verschiedenen Zeiten
  - periodischer Wanderungen
  - der Aufteilung der Lebensräume in Raumausschnitte
- durch Bildung von Territorien und Rangordnungen
- durch Einschränkung der Vermehrungsrate

b) Kooperation

- durch Nahrungsversorgung
- durch Schutzgewährung

Die Erkenntnis, dass der Kooperation in der Natur eine zentrale Bedeutung zukommt, verdanken wir insbesondere den Techniken der hochentwickelten Mikroskopie, die uns Einblicke in die Mikrowelten ermöglichen. Letztlich kann jede Tier- und Pflanzenzelle nach der

Endosymbiotenhypothese als Kooperations-Gemeinschaft betrachtet werden.[25] Ein weiteres wunderbares Beispiel von vielen Tausenden Kooperationen ist auch der Wald. Als Ganzes gesehen, ist er ein Organismus, in dem die Bäume über Pilz-Pipelines im Boden miteinander verbunden sind. Bäume und Pilze bilden so eine äußerst enge Lebensgemeinschaft, in der sie sich gegenseitig mit Nährstoffen versorgen. Außerdem werden auf diese Weise auch noch kleine Bäume mitversorgt.[26] Wir könnten noch Hunderte von weiteren Beispielen aufführen, die belegen: Das Erfolgsrezept zum Überleben in der Natur ist in erster Linie Kooperation und friedliche Koexistenz.

Der Aufruf zur Hilfeleistung ist ebenfalls in vielen philosophisch-religiösen Denksystemen zu finden. Auf der Grundlage der Vernetzung allen Seins lehren sie Verantwortung für die Natur, für die Mitmenschen sowie für die eigene geistige Entwicklung im Interesse des Gemeinwohls. Beispiele hierfür sind: der achtfache Pfad des Buddhismus, die vier Wege des Hinduismus, die Bergpredigt aus dem Neuen Testament, die 10 Gebote aus dem Alten Testament und die Staatslehre des Konfuzius. Interessant ist dabei im Hinblick auf die Evolution, dass als oberste Pflicht die Läuterung des Herzens und der Gedanken gilt, damit der Mensch diesem Anspruch und seiner Aufgabe wirklich gewachsen ist und sie verantwortungsvoll erfüllen kann. Es heißt, erst wenn der Mensch sein Denken geläutert und seine Motivationen von egoistischen Wünschen befreit habe, sei er in der Lage, tiefere Erkenntnisse über sein Dasein zu erlangen.

Hermann Knoblauch wies in Bezug auf die menschliche Evolution insbesondere auf die Bedeutung der Kultivierung unseres Denkvermögens hin. In seinen Vorträgen betonte er stets, dass nicht die Veränderung der menschlichen Form, also die Transformation des Körpers oder dessen Vervollkommnung durch Bodystyling bzw. andere sportliche Höchstleistungen, die wirkliche Evolution sei, wie heute oft irrtümlich angenommen wird, sondern die Erweiterung des Denkvermögens. Da der Mensch über Selbstbewusstsein verfüge, habe er auch die Möglichkeit, zu erkennen und zu verstehen. Hierin liege die wahre menschliche Evolution, die angestrebt werden müsse. Im philosophisch-religiösen Vergleich zeigt Hermann Knoblauch, dass in vielen Systemen von einer geistigen Evolution ausgegangen wird, von der Evolution der Seele. Diese umfasse die Entwicklung des Denkvermögens und des Unterscheidungsvermögens sowie das Streben nach dem „Guten und Wahren", wie auch Platon es nennen würde. Darüber hinaus schließe eine Evolution der Seele die Eigenverantwortlichkeit für die eigene Evolution und die Mitverantwortlichkeit für Mensch und Natur ein. Daraus resultiere eine sehr hohe Verantwortung für unser Denken, für unsere Wünsche und unser Handeln!

Der Mensch selbst bzw. wir selbst sind es demnach, die wir mit unserem Denken die Entwicklung bestimmen – in die eine Richtung oder in die andere –, die wir uns entscheiden für einen egoistischen Weg oder für einen Weg des Mitgefühls und der Hilfeleistung für andere.

3 Konsequenzen und offene Fragen aus dem Dialog von Wissenschaft und Philosophie

Der Dialog von Wissenschaft und Philosophie lässt deutlich werden: Wissenschaft, Philosophie und auch Religion stehen bei der Betrachtung der Evolution eng beieinander. Dies zeigt die aktuelle Umbruchphase, in der wir uns u. a. durch die Entdeckungen der Quantenphysik befinden. Viele Wissenschaftlerinnen und Wissenschaftler gehen heute davon aus, dass hinter der Materie weit mehr wirkt, als wir ahnen, dass die eigentliche Grundlage der Materie so etwas wie Geist oder Bewusstsein oder Energie ist. Hierin liegt die grundlegende Idee. Und wenn die neue Physik Bewusstsein zugrunde legt, dann werden ihr die anderen Disziplinen folgen müssen, denn sie kann als eine Grundlagendisziplin der Naturwissenschaften angesehen werden. Und diese Annahme wird dann fundamentale Konsequenzen für den Entwurf einer von Bewusstsein und Intelligenz geleiteten Evolution haben.

Natur- und Geisteswissenschaften befassen sich mit verschiedenen Facetten derselben Natur. Daher sind sie an keiner einzigen Stelle scharf voneinander zu trennen, wie dies bereits Max Planck betonte.[27] Daher geht die Hermann-Knoblauch-Akademie von einem ganzheitlichen Ansatz aus, der Geist bzw. Energie und Materie, natur- und geisteswissenschaftliche Ansätze sowie wissenschaftliches und philosophisches Denken gleichermaßen verbindet.

Unter Einbeziehung der neuesten Erkenntnisse aus Biologie und Physik ist deutlich geworden, dass die Theorie des Darwinismus als revidiert erachtet werden kann.

Wenn wir heute den großen Fragen der Evolution nachspüren – woher kommen wir, warum leben wir und wohin gehen wir? – dann müssen unsere Antworten mit den angeführten Naturtatsachen im Einklang stehen:

- mit der in der Natur vorzufindenden Ordnung auf der Grundlage von Naturgesetzen, Ideen bzw. Gedanken,
- mit der primär beobachtbaren friedlichen Koexistenz und Kooperation in der Natur und
- mit der von der neuen Physik formulierten Relativität von Kraft und Materie.

Damit ist auch die Frage nach der Wurzel unseres Bewusstseins erneut zu stellen. Eine der zentralen Fragen, die im Dialog von Wissenschaft und Philosophie auftaucht und die von besonderer Bedeutung ist, lautet daher:

1. Wo liegt die Wurzel unseres Bewusstseins?
   Kann sich Bewusstsein aus so genannter „toter Materie" entwickeln, oder ist Bewusstsein die Grundlage der Evolution?

Weitere zentrale Fragen, die sich im interdisziplinären Dialog stellen, sind:

2. Ist die individuelle und essentielle Evolution endlich oder unendlich? Damit eng verknüpft ist die Frage nach der Entstehung des Universums.[28]
3. Was ist die Ursache seelischer und körperlicher Evolution?
   Resultiert aus der Evolution der Materie die Entwicklung seeli-

scher Fähigkeiten, oder resultiert aus der Evolution der Seele die Entwicklung des Körpers?[29]
4. Welche Konsequenzen können wir aus dem einen oder aus dem anderen ziehen, für Gesellschaft, Wissenschaft und unser eigenes individuelles Leben?[30]
5. Welchen Stellenwert können wir „Gedanken" beimessen? Was sind sie ihrem Wesen nach?[31]

Fest steht, wie Hermann Koblauch dies immer wieder betonte: „Die Welt verändert sich mit unserem Denken."

Und unser Denken wie auch unser Selbstverständnis sind beeinflusst von den jeweiligen Welt- und Menschenbildern sowie von den Antworten auf die zentralen Fragen zur Evolution. Diesen Fragen stellen wir uns im interdisziplinären Dialog im Netzwerk für interdisziplinäre Ursachenforschung und in der Hermann-Knoblauch-Akademie – Mensch · Natur · Zukunftswissenschaften.

Einen kleinen Einblick in die hier bewegten zentralen Lebensfragen haben Sie hiermit gewonnen. Tieferführende Einblicke können Sie in dieser Beitragsreihe und natürlich in dem perspektivenreichen Studium an der Hermann-Knoblauch-Akademie gewinnen.

---

* Claudia Baß, Diplom-Biologin;
Ute Kampmann, Magister Artium, Religionswissenschaftlerin und Pädagogin.

[1] Erstaunliche Bewegungen gingen oftmals von nur einigen wenigen entschlossenen Menschen aus.

[2] „v. u. Z." steht für „vor unserer Zeitrechnung", d. h. vor der christlichen Zeitenwende.

[3] Vgl.: Von Purucker, Gottfried: Wörterbuch. Hannover, 1990, S. 185 f., 209 f., 268 f. Von Purucker stellt in diesem Zusammenhang weiter fest, dass diese drei Denkrichtungen eine Reflexion der abendländischen Geistesgeschichte beschreiben. Demnach kann das antike griechische Denken zu dem philosophischen Denken gezählt werden, der Übergang vom Mittelalter zur Renaissance zum religiösen Denken und die Neuzeit zu dem wissenschaftlichen, systematisierenden und klassifizierenden Denken.

[4] Von Purucker, Gottfried: Sichtbare und unsichtbare Welten. Hannover, 1987, S. 28.

[5] Vgl.: Märtens, Manola: Ethik als Grundlage für moralisches Handeln in Unternehmungen. Ein ganzheitlicher Ansatz. Dissertation, München, 1999, S. 53 ff.; Pusch, Marion: Revision des Mensch-Natur-Verhältnisses. Ethische und ganzheitliche Ansätze für die universitäre Lehre. Dissertation, München, 1997, S. 106 f., 159 ff.

[6] Planck, Max: Die Physik im Kampf um die Weltanschauung. Leipzig, ^{4}1945, S. 25 f.

[7] Bethge, Heidrun: Wasserstoffätzen und Erzeugung von Silberquantendrähten auf Silizium. Dissertation, Universität Hannover, 1998, S. 129. Ein weiteres Beispiel aus der Chemie soll einen weiteren Aspekt dieses „ungeklärten Restes" veranschaulichen: Reines Natrium ist ein brennbares Metall und reines Chlor ein giftiges Gas. Chemisch vereinigt hingegen bilden sie eine essbare Verbindung: Natriumchlorid (Kochsalz). Diese Verbindung weist Merkmale auf, die von den Eigenschaften der lediglich vermischten Elemente völlig abweichen.

[8] Religion wird in diesem Zusammenhang als eine inhärente Suche und Sehnsucht nach dem Wahren verstanden. Vgl. obige Definition für „religiöses Denken".

[9] Vgl. den Beitrag von Frischat, Hannes: Die Welt der Atome. Braucht die Physik ein neues Weltbild?

[10] Vgl. den Beitrag von Bethge, Heidrun: Entstehung des Universums – Alternativen zur Urknalltheorie.

[11] Vgl.: Hoffmeister, Johannes: Wörterbuch der philosophischen Begriffe. Hamburg, 1955, S. 223; Von Purucker, Gottfried: Wörterbuch. Hannover, 1990, S. 85.

[12] Vgl.: Graf, Peter: Das Konzept der Reinkarnation als Ort des interkulturellen Dialogs. In: Schmidt-Leukel, Perry (Hg.): Die Idee der Reinkarnation in Ost und West. München, 1996, S. 135: Peter Graf beschreibt vor dem Hintergrund des interkulturellen Dialogs das Fragen und damit ungenannt auch das Denken als ein universales Charakteristikum, das das Wesen des Menschen kennzeichnet. Er schreibt: „In der Auseinandersetzung mit Fragen dieser Art kennt der Dialog keine Grenzen, macht keinen Halt vor fremden Sprachen, vor vergangenen Zeiten und fremden Kulturen. Damit erfüllt sich im interkulturellen Dialog eine Dimension, die der Begegnung zwischen Menschen inhärent und wesentlich ist, die Suche nach jenen Fragen, die das Verstehen des eigenen Selbst und der eigenen Stellung in der Welt klären und vertiefen, ohne es dem Schema einer feststehenden Antwort zu unterwerfen."

[13] Vgl.: Philosophie und Naturwissenschaften. Bd. 1, Berlin, 1991. *Im weiteren Sinne* ist unter „Darwinismus" die von Charles Darwin begründete darwinistische Theorie zu verstehen. Darwin hat seine Theorie 1859 in seinem Werk „Über die Entstehung der Arten durch natürliche Zuchtwahl" (engl.: „On the origin of species by means of natural selection, or the preservation of favoured races in the struggle for life") veröffentlicht. In diesem Buch entwickelt und begründet er seine Theorie zur Entstehung der Arten durch mechanische, materielle Prozesse. *Im engeren Sinne* ist unter „Darwinismus" die Erklärung der Evolution der Organismen durch natürliche Auslese im Kampf ums Dasein zu verstehen (Selektionstheorie).

[14] Der Buddhismus spricht nicht von einer Seele im christlichen oder hinduistischen Sinne. Dennoch lehrt er eine Läuterung der Gedanken und der Gesinnung als Ziel und Lebensaufgabe, um so zu dem „Höheren" zu gelangen.

[15] Darwin stützte seine Theorie in erster Linie sowohl auf vergleichende Untersuchungen als auch auf Züchtungsexperimente an Haustieren. Darüber hinaus spielte in

seiner Theorieentwicklung der damals vorherrschende Zeitgeist des 19. Jahrhunderts eine besondere Rolle. Der Ideenaustausch zwischen Wissenschaftlern und Ökonomen war rege, und auch Darwin war beeinflusst von den Gedanken einiger Ökonomen: Den *„Kampf ums Dasein"* übernahm er von den *Ideen des Nationalökonomen Thomas Malthus* („Principle of population", 1798), das *Prinzip der Arbeitsteilung* übernahm er *vom Ökonomen Adam Smith* und die Formel des *„Überlebens der Tauglichen"* von dem englischen Philosophen *Herbert Spencer* (1820–1903). Auch das Streben der Naturwissenschaftler nach unabhängiger Forschung und Eigenständigkeit, losgelöst von religiösen Dogmen und frei von theologischer Interpretation, prägte Darwins Denken und Thesen entscheidend.

[16] Transformation kommt aus dem Lateinischen und bedeutet Umwandlung, Umgestaltung, Umformung.

[17] Vgl.: Emmerich, Reinhard: Konfuzius. In: Antes, Peter: Große Religionsstifter. München, 1992, S. 166 ff. Die chinesische Schrift „da xue" (das große Lernen, ca. 370 v. u. Z.) beschreibt in sehr anschaulicher und praktischer Weise die Notwendigkeit der Läuterung des Herzens und des Lernens: „Diejenigen unter den Alten, die ihre helle Tugend auf der Welt erstrahlen lassen wollten, brachten zuerst ihren eigenen Staat in Ordnung; wer aber seinen Staat in Ordnung bringen will, muß zuerst seine Familie ins Gleichmaß bringen; wer aber seine Familie ins Gleichmaß bringen will, muß zuerst sich selbst kultivieren; wer aber sich selbst kultivieren will, muß zuerst seine Gesinnung korrekt machen; wer aber seine Gesinnung korrekt machen will, der muß zuerst seine Absichten aufrichtig machen; wer aber seine Absichten aufrichtig machen will, muß zuerst sein Wissen ausweiten." Vgl. auch die Bhagavad-Gita, die den Kampf beschreibt, den Arjuna stellvertretend für alle Menschen kämpft, das „Niedere zum Höheren zu erheben".

[18] In einem Interview antwortete Max Planck auf die Frage „Glauben Sie, daß Bewußtsein auf materielle Weise erklärt werden kann?": „Nein, ich betrachte Bewußtsein als fundamental. Ich betrachte die Materie als vom Bewußtsein abgeleitet. Wir können nicht hinter das Bewußtsein kommen. Alles, wovon wir sprechen, alles, was wir als existent betrachten, setzt Bewußtsein voraus." Zitiert nach: Von Purucker, Gottfried: Mit der Wissenschaft hinter die Schleier der Natur. Hannover, 1988, S. 22.

[19] Vgl.: Atkinson, Catherine; Frischat, Hannes; Kampmann, Ute: Östliches und Westliches Denken – Was können wir voneinander lernen? Hermann-Knoblauch-Akademie, 1. Semester 1999/2000, 3. Lehrveranstaltung. Ferner sei in diesem Zusammenhang auf die altindische Lehre von Maya hingewiesen, wie sie im Advaita Vedanta von Shankara dargelegt wird. Sie besagt, dass das gesamte Universum, so wie der Mensch es wahrnimmt, lediglich eine Illusion sei. Advaita Vedanta nach Shankara. Vgl. z. B.: Hiriyana, M.: Outlines of Indian Philosophie. Delhi, 1994, S. 336 ff.

[20] Vgl. die indische Samkhya-Philosophie, in der von purusha und prakriti gesprochen wird, oder auch Ying und Yang aus der alten chinesischen Philosophie.

[21] Vgl.: 1. Moses 2, 6; Aitareya-Upanishad, 1; Sproul, Barbara C.: Schöpfungsmythen der östlichen Welt. München, 1993; Mall, Ram Adhar: Der Hinduismus. Seine Stellung in der Vielfalt der Religionen. Darmstadt, 1997.

[22] Vgl.: Heisenberg, Werner: Der Teil und das Ganze. München, 1987.

[23] Die Grundlage der chinesischen Philosophien, der chinesische Universismus, lehrt

ebenfalls eine grundlegende kosmische Ordnung. Für sie ist der gesamte Kosmos vergleichbar mit einem organischen Körper, in dem alles miteinander in Beziehung steht. Vgl.: Pohl, Karl-Heinz: Einheit von Himmel und Mensch – Ein traditioneller und aktueller Gedanke der chinesischen Geistesgeschichte. In: Zeitschrift für Kulturaustausch, 1/1993, S. 98–106.

24 Vgl.: Augros, Robert; Stanciu, George: Die neue Biologie. Bern, 1988.

25 Naturforscher entdeckten in den Zellen von Pflanzen und Tieren Organellen, die als Lebewesen im Lebewesen Zelle angesehen werden können und bestimmte Aufgaben erfüllen. Zu diesen Organellen zählen u. a. die so genannten Mitochondrien und Chloroplasten. Das Interessante ist nun, dass die heutigen Procaryonten (Organismen mit Zellen ohne Organellen), zu denen u. a. die Bakterien zählen, ganz ähnlich aufgebaut sind wie die Mitochrondrien bzw. die Chloroplasten. Daraus schlossen viele Naturwissenschaftler, dass im Laufe der Evolution die Organellen zunächst eigenständige Procaryonten waren, die in eine Art Urzelle eingewandert sind und seither in Kooperation bzw. in Symbiose leben. Diese Hypothese wird als Endosymbiontenhypothese bezeichnet.

26 Die Bäume versorgen die Pilze mit Wasser, Nährstoffen – vor allem Phosphor und Stickstoff – und Spurenelementen. Als Gegenleistung erhalten sie hauptsächlich Kohlenhydrate, die bei der Photosynthese der Pflanze anfallen. Den größten Nutzen aus diesem Baum-Pilz-Netzwerk haben im Wald die Pflanzen, die schlechter als ihre Nachbarn mit Nährstoffen versorgt sind, z. B. die Bäume, die im Schatten schnellwüchsiger Nachbarn heranwachsen und nur wenig Licht bekommen. Sie werden von den größeren Bäumen durch die Pilz-Pipelines mitversorgt – offenbar eine Art Nachbarschaftshilfe im „Organismus Wald". Tatsächlich kommt fast keine höhere Pflanze ohne die unterirdischen Lebensgemeinschaften von Wurzeln mit Pilzen aus. Hunderte von weiteren Beispielen können in der entsprechenden Fachliteratur nachgelesen werden.

27 Vgl.: Planck, Max: Die Physik im Kampf um die Weltanschauung. Leipzig, [4]1945.

28 Vgl. den Beitrag von Bethge, Heidrun: Entstehung des Universums – Alternativen zur Urknalltheorie.

29 Vgl. den Beitrag von Frischat, Hannes: Die Welt der Atome. Braucht die Physik ein neues Weltbild?

30 Vgl. den Beitrag von Pusch, Marion; Märtens, Manola: Ethik in der Praxis – Chancen für Beruf und Alltag.

31 Vgl. den Beitrag von Donta, Antonia: Naturschutz beginnt im Denken. Was ist Leben?

Ziel des Netzwerks für interdisziplinäre Ursachenforschung ist es, den Austausch zwischen den Wissenschaften zu fördern und unter Einbeziehung grundlegender philosophischer Erkenntnisse über die Grenzen des empirisch Feststellbaren hinaus die wirklichen Ursachen der messbaren Phänomene zu erhellen.

Hermann Knoblauch

Die Welt der Atome – braucht die Physik ein neues Weltbild?

Hannes Frischat *

In den faszinierenden Mikrowelten der Moleküle und Atome entdecken wir pulsierende Lebendigkeit, Bewegung, chemische Vermehrung, Stoffwechsel, Energie- und Informationsaustausch. Einsichten in die Prozesse von Leben und Zusammenleben im atomaren Bereich bergen den Kern eines neuen Naturverständnisses. Die Physik im 21. Jahrhundert vermittelt ein neues Weltbild, das sich auf alle Lebensbereiche auswirken wird.

Ein äußerst wichtiges Thema in der Hermann-Knoblauch-Akademie ist die Welt der Moleküle und Atome. Denn hier ist es möglich, in eine faszinierende Welt einzutauchen und erstaunliche Wunder vorzufinden – ja es wird spürbar, dass es sich um regelrechte Welten innerhalb von Welten handelt, in denen sich alles bewegt, miteinander kommuniziert, sich gegenseitig beeinflusst.

Für einen Festkörperphysiker gehört die Welt der Atome und Moleküle zum täglichen Beschäftigungsfeld, aber aus der Sicht der Akademie und des damit verbundenen Netzwerks für interdisziplinäre Ursachenforschung bietet die Physik nur eine Facette des ganzen Bildes, das unbedingt durch andere Sichtweisen ergänzt werden muss.

Durch die physikalischen Errungenschaften der letzten 20 Jahre, vor allem das Rastertunnelmikroskop, haben wir auch wunderbare Bilder von den Atomwelten gewonnen; gleichzeitig jedoch kann die Physik aus sich selbst heraus viele Fragen nicht beantworten, ja sie stellt sie nicht einmal. *Warum* gibt es z. B. Atome? Wie kann es sein, dass aus angeblich toten Atomen *Lebewesen* wie Tiere und Menschen zusammengesetzt sind? Gibt es auch *andere Sorten* von Materie? Existieren Dinge, die *nicht* aus Atomen bestehen?

Die Physik gibt zu diesen Fragen allerdings interessante Ansatzpunkte, indem sie z. B. sagt: Materie besteht im Grunde genommen aus Energie. Dies ist ein sehr interessanter Aspekt, und der Gründer unserer Akademie, der hannoversche Ingenieur Hermann Knoblauch, schreibt:

„Dort, wo unsere physikalischen Möglichkeiten aufhören, Materie nachzuweisen, findet der Übergang zu feinstofflicheren Welten oder Schwingungsfrequenzen statt. Kleinste Urteilchen der Materie lassen sich daher nicht feststellen, denn Materie ist kristallisierte Kraft, und diese Kraftpartikel sind eben keine Materie (im herkömmlichen Sinn). In einer Unendlichkeit ist es unsinnig, alles auf Materie begrenzen zu wollen. Die einzigen Schranken, die es gibt, zieht sich der Mensch selbst."[1]

Es ist kein Zufall, dass gerade die großen Physiker wie Werner Heisenberg, Max Planck, Erwin Schrödinger, Carl-Friedrich von Weizsäcker oder Hans-Peter Dürr sich in ihren Überlegungen nicht auf das Gebiet der Physik beschränken oder beschränken lassen. Sie beziehen sich, wie Werner Heisenberg, ausdrücklich auf das platonische Denken oder, wie Erwin Schrödinger, auf die indischen Veden. Aus ihren Aufsätzen und Büchern lässt sich aber auch erkennen, dass die moderne Quantenphysik einen Aufbruch zu einem neuen Weltbild eingeschlagen hat. Dieser Aufbruch hat gerade erst begonnen und ist von den meisten Menschen, auch von den meisten Physikern, bisher nicht wahrgenommen worden. Gleichwohl wird dies früher oder später unser gesamtes Weltbild revolutionieren.

Wie klein ist eigentlich ein Atom, und *was* ist ein Atom?

In unserer Vorstellung können wir, wie einst Gulliver, durch die Dimensionen reisen:

Die Größe „ein bis zwei Meter" entspricht etwa unserem Körper, wohingegen 50 cm eher die Perspektive eines Dackels darstellen. Ein Zentimeter ist das typische Maß eines Blütenblattes, einen Millimeter misst der Käfer, der darauf sitzt.

Ein Millimeter ist jedem auch vom Lineal geläufig, und ein zehntel Millimeter entspricht etwa der Dicke der Millimeterstriche. Ein hundertstel Millimeter ist schon etwas dünner als ein Blatt Papier oder ein Haar, und ein tausendstel Millimeter sind die kleinsten Unebenheiten, die wir mit den Fingern noch spüren könnnen, wenn wir über die Glasur eines Tellers streichen.

In der Welt des tausendstel Millimeters oder Mikrometers leben typischerweise die Großen der Mikroorganismen. Wir können sie mit dem bloßen Auge nicht mehr sehen, aber dennoch sind sie da und erfüllen die ganze Natur, die Erde, das Wasser, sitzen auf unserer Haut, helfen in unserem Körper unserem Immunsystem und so weiter. Die Mikroorganismen sind teilweise sogar noch wesentlich kleiner: einen Zehntelmikrometer, also einen zehntausendstel Millimeter – oder einen hundertstel Mikrometer – und noch kleiner.

Ein tausendstel Mikrometer oder auch ein millionstel Millimeter – das ist der sogenannte Nanometer. Dies ist eine typische Größe für Moleküle. Atome sind noch zehnmal kleiner, messen also typischerweise einen zehntel Nanometer oder einen zehnmillionstel Millimeter oder einen zehnmilliardstel Meter. Die Vorstellungskraft hat da Mühe, aber wir können uns mit einer Analogie helfen: Genauso, wie wir auf

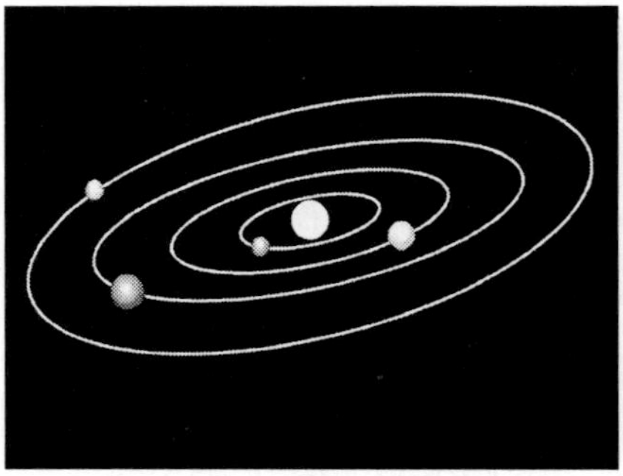

Bild 1a: Sonnensystem

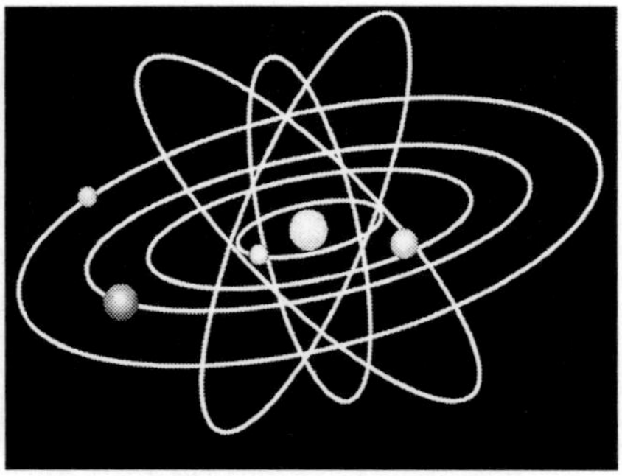

Bild 1b: Bohr'sches Atommodell

unsere Hand schauen und uns kaum vorstellen können, dass Mikroorganismen darauf leben, so könnten diese Mikoorganismen sich selbst betrachten und sich vorstellen, dass sie aus Atomen bestehen – es sind etwa die gleichen Relationen.

Nun wissen wir, wie klein ein Atom ist, aber was *ist* ein Atom? Woraus besteht es?

Der Titel dieses Vortrags – „Braucht die Physik ein neues Weltbild?" – deutet schon an, dass es auf diese Frage ganz verschiedene Antworten gibt.

Das Bohr'sche Atommodell, das meistens in der Schule gelehrt wird, geht davon aus, dass das Atom (Bild 1a) analog zum Sonnensystem (Bild 1b) aufgebaut ist, d. h. mit einem protonischen Kern (elektrisch positiv) als Sonne in der Mitte und elektrisch negativen Elektronen, die wie Planeten darum kreisen.

Zwei Dinge sind dabei bemerkenswert:

(1) Die Quantenmechanik hat gezeigt, dass die Teilchen sich um so schwieriger fassen lassen, je kleiner sie werden. Das heißt, die Elektronen laufen nicht brav auf Bahnen, sondern verblüffenderweise sind sie überall und nirgends gleichzeitig und verhalten sich wie Wellen. Man darf sich auch vorstellen, dass es mehr oder weniger Kraftzentren sind, die sich mehr durch ihre Wirkung bemerkbar machen als durch ihre tatsächliche physische Anwesenheit.

In diesem Sinn besteht das Atom sozusagen fast nur aus Hohlräumen und hat nur eine *scheinbare* Form, die aus den Kraftwirkungen der Teilchen besteht, die es bevölkern. Gleichzeitig ist das Atom aber auch ganz und gar angefüllt, denn es gibt keine Stelle, an der nichts wäre. Paradox, nicht wahr?

(2) Die Quantenphysik ging noch weiter, indem sie erkannte, dass die Teilchen im Grunde aus Energie bestehen. Das ist nun die eigentliche Sensation, denn es bedeutet, dass es Materie in dem Sinn, wie wir Materie meistens begreifen, gar nicht gibt.

Um es etwas deutlicher auszudrücken: Die primitive Vorstellung war und ist die, dass alles, was wir sehen, aus Materie besteht. Dies entspricht dem groben Materialismus, wie er vor allem im 19. Jahrhundert geprägt wurde. Wird gemäß diesem alten Weltbild die Materie in ihre Bestandteile zerlegt, so bleiben immer kleinere Materieteilchen, bis man irgendwann zum sogenannten „kleinsten Teilchen" kommt.

Diese Vorstellung ist aus heutiger Sicht nicht mehr haltbar. Es hat sich im Gegenteil gezeigt, dass die Materie, wenn sie zerlegt wird, immer weniger greifbar wird. Es ist so, als würden wir versuchen, einen Schatten zu fangen, der beim Öffnen der Hand weg ist.

Der Schatten hat also an sich keine Realität – und ebenso hat *Materie an sich* eben keine Realität. Materie, wie wir sie kennen, ist nur der Widerschein von etwas anderem, das die Physik in Ermangelung besserer Worte „Energie" nennt. Es spricht aus unserer Sicht, aus der Sicht des Netzwerks für interdisziplinäre Ursachenforschung, nichts dagegen, statt dessen die Begriffe „Geist" oder „Bewusstsein" einzusetzen.

Damit soll nicht gesagt sein, dass „Geist" exakt das ist, was die Physiker „Energie" nennen. Das wäre sicherlich zu undifferenziert. Aber es steht fest, dass Materie an sich nicht der Urgrund des Seins ist und dass uns der Begriff „Energie" darauf aufmerksam macht, dass sich hinter unserer Materie eine andere Realität verbirgt.

Wir können uns heute vorstellen, dass Physiker, die dies herausfanden, das Gefühl hatten, ihnen würde der Boden unter den Füßen weggezogen. Physik, und überhaupt die gesamte Naturwissenschaft, bedeutete doch, alles irgendwie auf Eigenschaften der Materie zurückzuführen. Egal welches Phänomen, ob Wetter, Feuer, Wahrnehmung usw., alles wurde und wird mit Hilfe von Materieeigenschaften wie Masse, Gravitation, Elektrizität und anderen erklärt. Die Materie war sozusagen das Fundament des gesamten Weltbildes, und zum großen Teil ist sie das auch heute noch.

Und ausgerechnet diese Materie löste sich beim näheren Hinsehen auf und bestand aus *Energie*. Das war ein schwerer Schock für die Physik und brachte in den zwanziger und dreißiger Jahren dieses Jahrhunderts die Weltbilder wieder nachhaltig in Bewegung.

Können wir uns konkret vorstellen, dass Materie aus Energie besteht? Was ist der experimentelle Befund, der zu dieser Erkenntnis führte?

Eine Auftrittsform von Energie ist Licht, und tatsächlich gelang es, aus Lichtstrahlen Materie zu erzeugen und diese wiederum in Licht aufzulösen.

Genauer gesagt kann laut der modernen Quantenphysik Folgendes passieren (Bild 2):

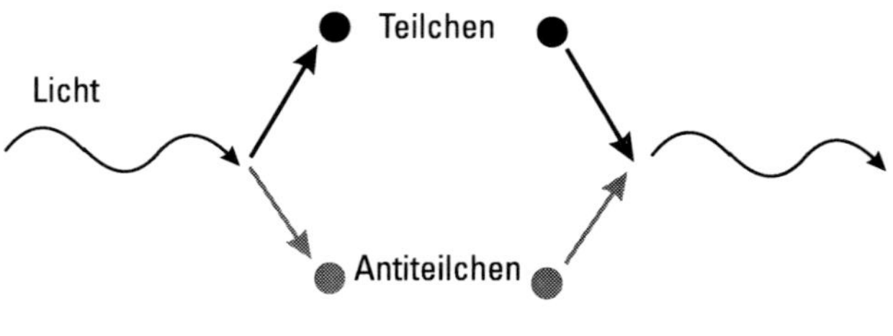

Bild 2: Licht zerfällt in Teilchen und Antiteilchen

Ein Lichtstrahl (Energiebündel, Photon) zerfällt in ein Teilchen und sein entsprechendes Antiteilchen, also zum Beispiel in ein Elektron und ein Positron. Das Teilchen können wir nachweisen, das Antiteilchen nicht. Wenn die beiden wieder zusammenkommen, entsteht wieder der Lichtstrahl. Dies ist ein experimenteller Befund, der die Fachwelt in großes Erstaunen versetzte. Wie konnte es sein, dass ein Energiestrahl plötzlich verschwand und sozusagen „aus dem Nichts" einige Teilchen entstanden?

Es war klar, das sogenannte „Nichts" bedurfte nun auch einer Revision. Die moderne Physik geht davon aus, dass es ein „Nichts" gar nicht gibt. Es ist zwar möglich, die Luft aus einem Behälter mehr oder weniger herauszupumpen, aber der zurückbleibende luftleere Raum ist quantenphysikalisch mit sogenannten virtuellen Teilchen gefüllt.

Das Vakuum ist also quantenphysikalisch voll von „virtuellen Teilchen", die wir nicht wahrnehmen können. Die Energie (das Licht) kommt und befördert eines dieser „virtuellen Teilchen" in die „reale" Welt. Das ist ungefähr so, wie wenn ein Elektron durch Energie auf ein anderes Energieniveau (eine andere Elektronenbahn) angehoben wird, nur dass hier das Elektron von der virtuellen Ebene in die reale Ebene wechselt. Es bleibt als Ergebnis das reale Teilchen und ein „Loch" in der „virtuellen" Welt. In dieser Modellvorstellung hat das Loch in Bezug auf Ladung und Drehung die entgegengesetzten Eigenschaften wie das Teilchen und wird daher als „Antiteilchen" bezeichnet (Bild 3). Es mag auf den ersten Blick verwirrend sein, warum ein

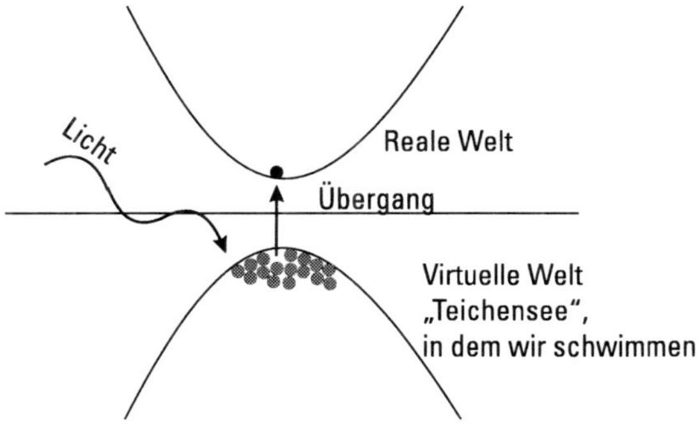

Bild 3: Virtuelle Teilchenwelt

Loch sich wie ein Teilchen verhält, aber es ist genauso, wie wenn wir das Konto überziehen (–1000 DM) und dieses Loch damit stopfen, dass wir ein anderes Konto überziehen. Die Schulden können genauso hin und her wandern wie positive Geldbeträge.

Dieses moderne physikalische Bild weist nun eine erstaunliche Ähnlichkeit mit antiken philosophischen und auch ganzheitlichen asiatischen Weltbildern auf. Nachdem vorher die Materie an sich als Urgrund des Seins angesehen wurde, stellte sich nun Folgendes heraus:

(1) Das Konzept der „virtuellen Teilchen" zeigt, dass es offensichtlich andere Arten von Stoff oder Materie geben kann als unsere normale Materie. Damit muss es andere Welten geben, die für uns nicht physikalisch greifbar sind.

(2) Materie besteht im Grunde nicht aus Materie, sondern aus etwas anderem. Dieses „Andere" nennen die Physiker „Energie" und „Beziehung", und sie sagen, die Energie sei zu Materie geronnen oder kristallisiert – andere Worte für einen quantenphysikalischen Gleichgewichtszustand. Bei der Frage, was dieses „Andere", diese „Energie" aber eigentlich ist, stößt die Physik an ihre Grenzen – hier brauchen wir die interdisziplinäre Hilfe aus den anderen Fächern. Hier beginnt der Ansatz des Netzwerks für interdisziplinäre Ursachenforschung: Es spricht, wie gesagt, nichts dagegen, dieses „Dahinterstehende" aus philosophischer Sicht „Kraft" oder „Geist" zu nennen.

An dieser Stelle wird klar: Die moderne Physik hat den Weg dafür frei gemacht, die Welt wieder aus der Sicht der Metaphysik zu betrachten – „Metaphysik" in dem Sinn, dass Realitäten jenseits der physikalischen Materie wieder ihre Daseinsberechtigung erhalten, oder in dem Sinne, dass der geistige Aspekt, der jedem Ding innewohnt, wieder in den Vordergrund tritt. Damit würde das Ungleichgewicht wieder aufgehoben, das lange Zeit dadurch bestand, dass nur noch das Materielle als Erklärung und Bezugspunkt Geltung hatte. Wenn wir uns durch die moderne Physik auf den Weg begeben, wieder den geistigen Pol, das Wesenhafte und Beseelte in der Welt um uns herum zu entdecken, wird dies zu einer ihrer grössten Errungenschaften zählen.

Eine weitere Ähnlichkeit, die die Quantenphysik in Bezug auf ganzheitliche Weltbilder hat, wurde dadurch deutlich, dass Atome und Elementarteilchen nun nicht mehr als kleine Kugeln angesehen werden, sondern als Schwingungsmuster von Energie, wie schon erwähnt. Diese Wellen sind quantenphysikalisch gesehen unendlich weit ausgedehnt und haben lediglich ein Maximum, eine Art Knotenpunkt, an der Stelle, an der das Teilchen hauptsächlich vermutet wird. Sie sind, wie Hans-Peter Dürr, ehemaliger Assistent von Werner Heisenberg und Schirmherr der Hermann-Knoblauch-Akademie, es ausdrückt, sozusagen die Schaumkronen auf dem Meer, die eine Weile existieren und uns die Illusion von Materie geben, bevor sie wieder zerfallen. Dies steht in starker Korrespondenz zu hinduistischen Lehren, die die sichtbare Welt als „Mâyâ", als Täuschung ansehen. Erstaunlicherweise lehrten bereits die alten Hinduphilosophen, die materielle Welt bestünde sozusagen aus Schaum und sei nur die Schlacke von dahinterstehenden Welten, die insgesamt eine große Einheit bilden.

Auch quantenphysikalisch steht hinter diesem Schaum eine große Einheit. Diese Einheit von Energie und Materie war es, die Forscher wieder über Themen nachdenken ließ wie „Der Teil und das Ganze", ein Buchtitel von Werner Heisenberg. Es wurde klar: Der Teil ist quantenphysikalisch gesehen immer eine Teilmanifestation des Ganzen, und daher hängt alles mit allem zusammen.

Allein diese eine Aussage – dass alles mit allem anderen zusammenhängt – wird eines Tages nicht nur die Physik, sondern unser aller Weltbild revolutionieren. Die eigentliche Tragweite dieser Feststellung ist heute noch gar nicht absehbar. Fest steht, dass das Wissen um diese alles einschließende Einheit in unserem Alltagsdenken so gut wie nicht mehr verankert ist. Es ist weder Thema bei beruflichen oder geschäftlichen Entscheidungen, noch in der Freizeit oder in den Medien, noch in Wissenschaft und Forschung. Vieles in unserer westlichen Welt ist auf Abtrennung, auf Sondersein gegründet – Egoismus wird mehr oder weniger offen propagiert, gelebt und daher auch erlitten. Die Zeche zahlen oft diejenigen, die in diesem Wettlauf untergehen – die Schwachen, die Alten, die Jugend. Aber da *tatsächlich* alles mit allem zusammenhängt, kommen die Folgen der Abkapselung und Selbstzentrierung auch zu den Gesunden und vermeintlich Starken. Einsamkeit ist ein Phänomen, das heute in großen Teilen unserer Gesellschaft erlebt wird, ebenso innere Leere. Das kommt daher, weil wir die Verbindung untereinander und auch mit der Natur nicht mehr in dem Maße spüren, und damit auch leben, wie sie eigentlich naturbedingt vorhanden ist.

Zurück zur Physik: Diese revolutionären neuen quantenphysikalischen Konzepte konnten offensichtlich nicht mit den Methoden der alten, mechanistischen Physik erklärt werden. Sie verstießen scheinbar gegen den gesunden Menschenverstand, da dieser „gesunde Menschenverstand" in heutiger Zeit eher materiell geprägt ist und nur das Sichtbare, Begreifbare akzeptieren kann und will. Im Gegenzug brachte die neue Physik nicht alle, aber doch viele Forscher dazu, sich wieder mit Religionen und Philosophien zu beschäftigen.

Ein Beispiel ist Erwin Schrödinger, dessen Wellenfunktionsgleichung sozusagen das kleine Einmaleins in der mathematischen Quantenphysik darstellt. Er beschäftigte sich intensiv mit den Upanishaden und schrieb Aufsätze mit dem Titel: „Die Einheit des Bewusstseins", „Naturwissenschaft und Religion", „Was ist wirklich ? – Die Gründe für das Aufgeben des Dualismus von Denken und Sein oder von Geist und Materie" und „Die vedântische Grundansicht".

In dem letzteren Aufsatz schreibt er: „... es [kann] geschehen, dass urplötzlich die tiefe Berechtigung jener vedântischen Grundüberzeugung aufleuchtet: Unmöglich kann die Einheit, dieses Erkennen, Fühlen und Wollen, das du das deine nennst, vor nicht allzulanger Zeit in einem angebbaren Augenblick aus dem Nichts entsprungen sein; vielmehr ist dieses Erkennen, Fühlen und Wollen wesentlich ewig und unveränderlich und ist numerisch nur eines in allen Menschen, ja in allen fühlenden Wesen. ... Das ist es bekanntlich, was die Brâhmanen ausdrücken mit der heiligen mystischen und doch eigentlich so einfachen und klaren Formel Tat twam asi (das bist du)."[2]

Ein weiteres Beispiel für einen Universalforscher, der Natur- und Geisteswissenschaften vereinte, ist Gottfried von Purucker. Für ihn sind „Kraft und Stoff (...) fundamental eins (...) Kraft und Stoff sind zwei makrokosmische Formen von Phänomenen der zugrundeliegenden und ewig kausalen und belebenden *Realität: ‚Kosmisches Leben'*"[3], und er folgert daraus: Daher ist Leben „in Wirklichkeit (...) sowohl von Kraft oder Energie als auch von Materie untrennbar (...), denn das Leben ist in Wirklichkeit die tatsächliche und universale Quelle beider, der Kraft oder Energie und der Materie."[4]

Wir kommen auf diesen interessanten Aspekt gleich zurück. Vorher jedoch noch eine Zusammenfassung der bisherigen von der Quantenphysik abgeleiteten Aussagen:

- Materie ist nicht der Urgrund des Seins.
- Materie „an sich" ist Illusion.
- Materie besteht essentiell nicht aus Materie, sondern aus etwas anderem. Dieses „Andere" nennen die Physiker „Energie" und „Beziehung", es spricht nichts dagegen, es aus philosophischer Sicht „Kraft" oder „Geist" zu nennen.
- Alles ist mit allem verbunden.

Diese Aussagen bieten wirklich genügend Stoff für tiefes Nachdenken. Es handelt sich um reine Fakten, wissenschaftlich einwandfrei nachgewiesen. Dennoch werden sie heute zum grossen Teil ignoriert, weil „nicht sein kann, was nicht sein darf". Wenn wir diese Beschränkungen erst einmal überwinden, eröffnen sich für unser Weltbild wortwörtlich neue Dimensionen. Und es ist ganz klar, dass sich mit einem Umdenken auch für den individuellen Lebensweg völlig neue Möglichkeiten auftun.

Vielleicht ist es aber gerade das, was viele Menschen davor zurückschrecken lässt, weiterzudenken, was sie veranlasst, an alten Gewohnheiten festzuhalten. Denn mit dem alten Denken lässt es sich so bequem weiterleben. Doch mit der Ignoranz bestehender Tatsachen können die zum großen Teil weltweit bestehenden Probleme nicht mehr gelöst werden. Die von Menschen selbst verschuldeten globalen Katastrophen lassen sich mit herkömmlichen Methoden nicht mehr in den Griff bekommen. Was wir brauchen, ist eine zukunftsfähige Wissenschaft, die auf neuen Erkenntnissen aufbaut, denn die Natur lässt sich nicht auf Dauer vertrösten. Gerade zu Krisenzeiten des Lebens wird glücklicherweise doch nachgedacht und umgedacht – dabei hätte man es vorher einfacher und bequemer haben können. Umdenker sind herzlich eingeladen, diese Punkte im Rahmen der Hermann-Knoblauch-Akademie weiterzuführen.

Nun soll im Sinne des Netzwerks für interdisziplinäre Ursachenforschung, im Sinne der Interdisziplinarität von Natur- und Geisteswissenschaften, folgende Frage gestellt werden:

Gibt es so etwas wie „tote" Materie?

Im naturwissenschaftlichen Weltbild gibt es das interessante Phänomen, dass eine scheinbare Grenze zwischen „lebendig" und „tot" gezogen wird, die im Mikrokosmos verläuft. Einerseits herrscht im Mikrokosmos ein schier unglaubliches Leben, doch wenn es nur noch ein wenig weiter ins Kleinere geht, wird die Welt der Moleküle und Atome als tot angesehen.

Die Grenze zwischen dem, was von vielen Naturwissenschaftlern als „lebendig" und „nicht lebendig" angesehen wird, wird heute bei den Viren gezogen; sie ist aber umstritten. Einige Biologen sagen: Selbstverständlich sind die Viren Lebewesen, den Ausdruck ihrer Vitalität bekommen wir bei jedem Schnupfen zu spüren. Andere sagen: Nein, Viren können sich nicht allein, d. h. ohne Wirt, fortpflanzen, sind also keine Lebewesen. Nun – ein Maultier und eine Samenzelle können sich allein auch nicht fortpflanzen. Sind sie deshalb keine Lebewesen?

Natürlich würde das kaum ein orthodoxer Wissenschaftler so formulieren. Die Frage, ob Viren tot oder lebendig sind, wird stattdessen in der Fachliteratur bisher kaum erwähnt. Das Problem wird umgangen, indem Viren als „lebensnahe Formen" bezeichnet werden. Doch das ist keine Erklärung für den Widerspruch der Lebewesen, die nicht in die wissenschaftliche Definition vom Leben passen. Das Lexikon gibt zu: „Die detaillierte Definition, was Leben ist, ist deutlich abhängig vom jeweiligen wissenschaftlichen Erkenntnisstand."[5]

Wenn wir aber annehmen würden, dass Viren Lebewesen sind, dann müssten wir uns auch der Tatsache stellen, dass Viren zum Teil sehr klein sind. Einige von ihnen sind nicht viel größer als ein großes Molekül.

Das führt uns direkt zu den Fragen: Gibt es Moleküle, die leben? Sind etwa auch Atome Lebewesen?

Normalerweise würde diese Frage verneint werden, doch wir wollen einmal genauer hinsehen.

Bisher waren folgende Eigenschaften notwendig, um etwas naturwissenschaftlich als Lebewesen anzuerkennen:

- Bewegung
- Vermehrung
- Evolution
- Stoffwechsel
- Reaktion

Überprüfen wir nun diese Kriterien am Beispiel der Moleküle und Atome.

(1) Bewegung:

Für die meisten von uns ist Bewegung das Hauptmerkmal von Leben. Wenn wir irgendwo hinfassen und es krabbelt, dann sagen wir: „Oh, es lebt".

Ein Kristall (Bild 4) sieht völlig unbeweglich aus. Doch wenn wir die Oberfläche einmal genau untersuchen, dann sehen wir, dass die Atome sich wie Ameisen bewegen können. Heute kann man mit dem Rastertunnelmikroskop Filme davon aufnehmen. Die Physik sagt also: Atome bewegen sich sehr viel, und die Ruhe eines Kristalls

Bild 4: Kristall

besteht nur scheinbar, weil wir ihre Bewegung mit unseren Augen nicht wahrnehmen können.

(2) Vermehrung:

Können Moleküle sich vermehren? Sie können. In der Chemie nennen wir dies Autokatalyse, ein Vorgang, der aktuell erforscht wird. Wir haben eine Flüssigkeit mit Molekülen der Sorten A und B (Bild 5a). Diese reagieren nicht miteinander. Wenn wir nun ein einziges Molekül der zusammengesetzten Sorte AB dazugeben (Bild 5b), dann sorgt dieses Molekül dafür, dass sich die restlichen A´s mit den B´s verbinden (Bild 5c). Aus Sicht von AB ist das also eine Vermehrung, und deswegen wird dieser Vorgang auch „Chemische Selbstvermehrung" genannt. Natürlich findet hier keine Erschaffung aus dem Nichts statt, sondern es erfolgt eine Umwandlung, wie bei jeder Vermehrung, die wir in der Natur beobachten.

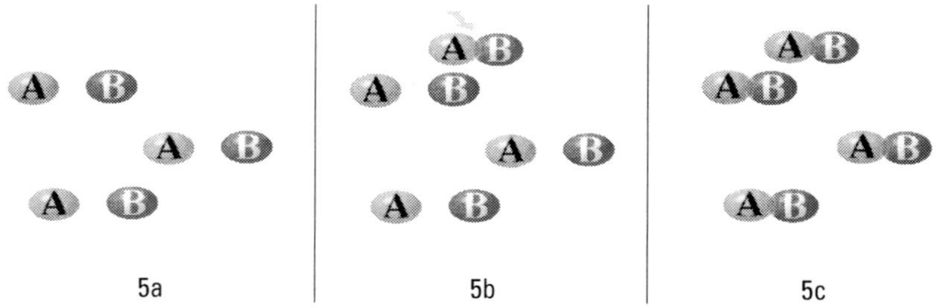

Bild 5: Autokatalyse, „Chemische Selbstvermehrung"

(3) Evolution:

Haben Atome und Moleküle eine Evolution? Nun, aus der Sicht der Chemie, also in Bezug auf ihre äußeren Elektronenhüllen, haben Atome und Moleküle natürlich einen Werdegang. Bei chemischen Reaktionen wie z. B. der Oxidation verändert sich die Elektronenhülle, Elektronen werden ausgetauscht. Doch auch in ihrem Kern verändern sie sich, und die sichtbaren Folgen dieser Vorgänge nennt die Atomphysik Radioaktivität. Wenn wir uns aus der Sicht der Lebensforschung in die

Atome hineinversetzen, bedeutet Radioaktivität, dass ganze Stämme von Atomen sich nicht mehr halten können und aussterben – und auch das ist ein Evolutionsvorgang. Wir wissen physikalisch nicht wirklich sehr viel darüber, aber wir wissen so viel, dass eine Evolution von Atomen auf keinen Fall ausgeschlossen werden kann. Dies erinnert an einen Ausspruch, der dem griechischen Philosophen Heraklit zugesprochen wird: „Alles fließt".

(4) Stoffwechsel :

Stoffwechsel bedeutet Austausch von Energie. Wir nehmen mit der Nahrung Energie auf und setzen sie in Bewegungsenergie oder in Wärme um. Auch Atome und Moleküle können das. Wie in der Physik bekannt ist, kann ein Atom einen Lichtstrahl, ein Photon, aufnehmen, verschlucken (Bild 6a, nächste Seite). Es gelangt dadurch in einen anderen Zustand (Bild 6b). Ebenso kann es diese Energie oder Teile davon wieder abgeben, und dieses Licht können wir dann wieder sehen. Wenn das nicht so wäre, gäbe es z. B. keine Leuchtstofflampen und keine Computerbildschirme.

(5) Reaktion und Reizbarkeit:

Wenn an einem angeregten Atom, d. h. an einem Atom, das einen Lichtstrahl verschluckt hat, ein weiterer Lichtstrahl derselben Wellenlänge vorbeifliegt, dann gibt das Atom seinen Lichtstrahl phasengleich wieder frei (Bild 6c). Auf diesem Prinzip beruht der Laser. Also sind auch Atome, und dasselbe gilt für Moleküle, reizbar, d. h., sie reagieren auf ihre Umwelt.

Wir stellen also fest:

Atome und Moleküle erfüllen die biologische Definition von Leben.

Sie können sich vorstellen, dass diese Erkenntnis des Netzwerks für interdisziplinäre Ursachenforschung, obwohl sie mit den Beobachtungen der modernen Physik im Einklang steht, absolut nicht in das derzeitige wissenschaftliche Weltbild passt.

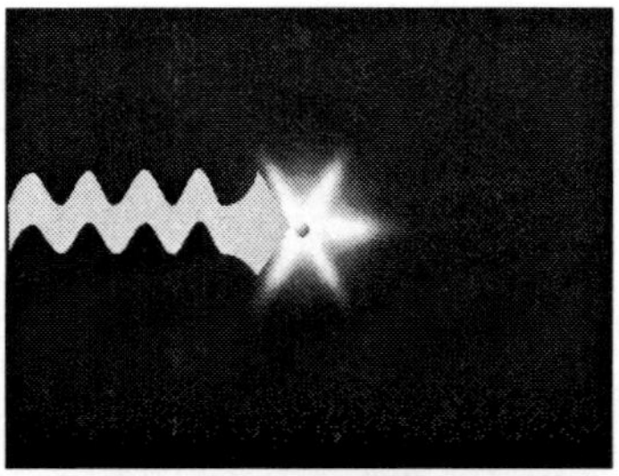

Bild 6a: Atom verschluckt Lichtstrahl

Bild 6b: Atom im angeregten Zustand

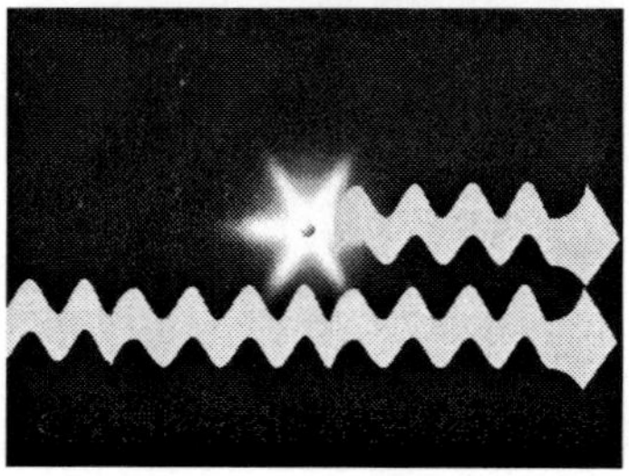

Bild 6c: Atom gibt Lichtstrahl wieder frei

Wer kann sich schon vorstellen, dass in jedem Gegenstand, den man in die Hand nimmt, schier unendliches Leben wohnt? Und doch ist es so. Wir können uns sehr gut vorstellen, dass ein Atom nicht ein lebloser Klumpen ist, sondern ein schwingendes, sich bewegendes, kommunizierendes Lebewesen mit *seiner* Form von Bewusstsein, das natürlich nicht mit *menschlichem Selbstbewusstsein* zu vergleichen ist. Wir können uns vorstellen, dass ein Atom eine „Monade" im Leibniz'schen Sinn ist, d. h. ein göttlicher Funke, der sich in eine Seele und in einen Körper kleidet. In diesem Moment verändert sich auch unser eigenes Verhältnis zur Natur.

Von diesem Punkt aus öffnen sich neue Türen zur Sicht auf das eigene Leben und seine Gestaltung. Ebenfalls eröffnen sich ganz neue Perspektiven für Forschung und Technik. Es ist leicht nachvollziehbar, dass ein Forschungsplan, der auf der Basisannahme von „toter Materie“ beruht, ganz anders aussieht als einer, der davon ausgeht, dass wir in einem Meer von Leben schwimmen und unverzichtbarer Bestandteil von ihm sind. Die Quantenphysik sagt, dass aus der Natur nichts herausgenommen werden kann, weil alles mit allem verbunden ist. Warum wird in der Forschung immer noch versucht, die Welt als eine leblose Maschine zu betrachten, die wir von außen betrachten, statt zu akzeptieren, dass wir selbst untrennbare Teile jedes Experiments sind und damit auch immer *uns selbst* untersuchen?

Ein Gegenbeispiel stellt Gottfried Wilhelm Leibniz (1646–1716) dar. Er ist ja sozusagen in Hannover einer unserer wissenschaftlichen Urväter und schreibt: „Da wegen der Erfüllung der Welt alles verbunden ist und jeder Körper auf jeden anderen mehr oder weniger wirkt [...], so folgt, dass jede Monade ein lebendiger oder mit innerer Tätigkeit begabter Spiegel ist, der das Universum gemäß seinem Standort darstellt und ebenso geregelt ist wie das Universum selbst.“[6]

Es gibt auch Ausnahmen unter den Wissenschaftlern dieses Jahrhunderts. Gottfried von Purucker schrieb schon um 1930, Materie sei durch und durch von Bewusstsein durchdrungen, und Hans-Peter Dürr kann sich aufgrund seiner Erkenntnisse tote Materie viel schwerer vorstellen als lebendige.[7] Hermann Knoblauch, Gründer des Netzwerks für interdisziplinäre Ursachenforschung, wirkte neben seinen vielen anderen Leistungen auch auf diesem Gebiet als Pionier, indem er schon vor Jahrzehnten u. a. in vielen öffentlichen Veranstaltungen darauf hinwies, dass es nichts Totes gibt und alles von Leben und Bewusstsein erfüllt ist. Er ist es, von dem die eigentlichen Impulse stammen, die in diesem Vortrag aufgegriffen wurden. Er ist es, der stets daran gearbeitet hat, der Wissenschaft ihr Herz wieder zurückzugeben.

Und mit der Zeit wird sie erkennen, dass die Trennung zwischen lebendig und tot überholt ist. Dies wird in Zukunft sehr aufregende Konsequenzen für die Forschungslandschaft, für die Technologie und für unser gesamtes Lebensgefühl haben.

Die Natur ist der große Lehrmeister, das sollten wir nie vergessen. Wir sollten als Erstes akzeptieren, *dass Leben existiert* und ebenso Bewusstsein und Intelligenz. Wenn wir erkannt haben, dass dies unverzichtbare Eigenschaften in unserem Universum sind, haben wir den ersten Schritt auf der Stufenleiter gemacht, die die Natur für uns bereithält!

Nicht nur die Physik, sondern wir alle brauchen ein neues Weltbild, denn die Folgen dieser Tatsachen auf Gebieten wie Ethik, Technologie, Kooperation, die Einstellung zum Leben und zum Tod, die Position des Menschen in der Natur, um nur einige zu nennen, sind heute noch gar nicht abzusehen. Wir stehen hier erst am Anfang einer wirklich tiefschürfenden Umwälzung. Das Netzwerk für interdisziplinäre Ursachenforschung und die mit ihr verbundene Hermann-Knoblauch-Akademie stehen bereit, ihren Beitrag dazu zu leisten.

Zusammenfassung des gesamten Vortrags:

- Materie ist nicht der Urgrund des Seins.
- Materie „an sich" ist Illusion.
- Materie besteht essentiell nicht aus Materie, sondern aus etwas anderem. Dieses „Andere" nennen die Physiker „Energie" und „Beziehung", es spricht nichts dagegen, es aus philosophischer Sicht „Kraft" oder „Geist" zu nennen.
- Alles ist mit allem verbunden.
- Atome und Moleküle sind Lebewesen.

---

* Hannes Frischat, Diplom-Physiker.

1 Knoblauch, Hermann, in: DAS FORUM 3/1993, S. 85.

2 Schrödinger, Erwin: Die vedântische Grundansicht, in „Physik und Transzendenz", herausgegeben von Hans-Peter Dürr, Bern, 1996, S. 191.

3 Von Purucker, Gottfried: Der Mensch in der Unendlichkeit, Hannover, 1987, S. 309 f.

4 Von Purucker, Gottfried: Mit der Wissenschaft hinter die Schleier der Natur, Hannover, 1988, S. 50.

5 Lexikon Biochemie. Weinheim-Leipzig, 1981, S. 338.

6 Leibniz, Gottfried Wilhelm: Prinzipien der Natur und der Gnade, auf Vernunft gegründet. Abs. 3.

7 Mündliche Mitteilung.

Die Natur ist der beste Lehrmeister für unser Leben. Sie ist der Ausdruck kosmischer Intelligenz, die bis ins kleinste Atom unsere Welt mit Bewusstsein beseelt.

Hermann Knoblauch

Naturschutz beginnt im Denken. Was ist Leben?

Antonia Donta *

„Global denken – lokal handeln" fordert die Agenda 21. Verantwortungsvolles Denken ist Voraussetzung für unser Handeln. Auch Naturschutz beginnt im Denken. Was aber ist für uns „Natur" und was hat Naturschutz mit dem Lebensbegriff zu tun? Wie können wir durch die Erweiterung des Lebensbegriffs unsere Einstellung gegenüber der Natur verändern, um die Lebensgrundlagen für kommende Generationen zu bewahren?

Naturschutz beginnt im Denken – Warum erkrankt die Natur?

Der Zusammenhang zwischen Naturschutz und dem Begriff „Leben" scheint, je nachdem, was unter „Leben" verstanden wird, normal oder ungewöhnlich zu sein. Wie „Leben" und Naturschutz zusammenhängen und welche Bedeutung eine interdisziplinär erweiterte Auffassung vom Lebensbegriff für einen nachhaltigen Naturschutz hat, ist Inhalt dieses Artikels.

Die Natur ist die Grundlage unseres Lebens. Dennoch erreichen uns täglich Meldungen über verschiedenartige Umweltschäden und -katastrophen. Woran liegt es, dass die Natur immer noch und weiterhin geschädigt wird? In diesem Artikel werden drei Möglichkeiten für eine Vorsorge vorgestellt, von denen zwei ausgeführt werden.

Der bekannte Aufruf der Agenda 21 „global denken – lokal handeln" geht von einem Naturschutz aus, der besonders die Kreisläufe in der Natur berücksichtigt[1] (Bild 1): z. B. den Wasserkreislauf und das folglich große Ausmaß des Schadens bei einem Unfall im wässrigen Millieu[2], Schadstoffverbreitung, Luftverschmutzung und die Verbreitung toxischer Gase.

Es gibt jedoch zwei weitere Aspekte, für einen tiefgreifenden Schutz der Natur. Die Mitarbeiter des Netzwerks für interdisziplinäre Ursachenforschung machen zum einen deutlich, dass das Verständnis dessen, was Natur ist, unser Verhältnis zur Natur maßgeblich beeinflusst.

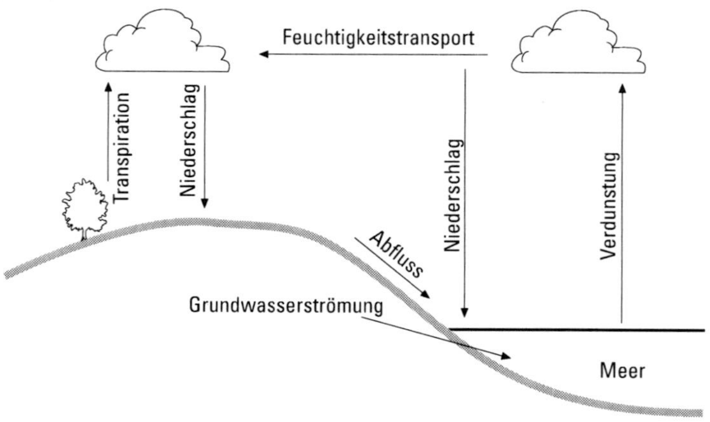

Bild 1: Schematische Darstellung des Wasserkreislaufs – ein Beispiel für globale Vernetzung

Das Mensch-Natur-Verhältnis ändert sich je nach Auffassung, und somit ändern sich unsere Handlungen gegenüber der Natur. Denn jeder Handlung gehen Gedanken voraus, und deshalb spielt das „Denken" eine wichtige Rolle im vorsorgenden Umgang mit der Natur.[3] Ein Beispiel verdeutlicht dies: Je nachdem, wie eine Pflanze, z. B. eine Blume, betrachtet wird, so ist auch der „Umgang" mit ihr. Nicht selten sehen wir in den Supermärkten am Eingang vertrocknete oder nicht besonders gut aussehende Blumen, die weggeworfen werden müssen, da dies eine verbindliche Abmachung in verschiedenen Handelsketten ist. Blumen werden als Dinge und zu Konsumzwecken „produziert", und sobald sie nicht den erwünschten Zustand besitzen, werden sie weggeworfen. Dahinter steht eine bestimmte Einstellung den Pflanzen gegenüber, die auf Profitstreben und nicht auf den Eigenwert der Pflanzen ausgerichtet ist.

Zum anderen deutet der Titel „Naturschutz beginnt im Denken" eine weitere These an, der das Netzwerk für interdisziplinäre Ursachenforschung nachgeht: Es wird untersucht, ob das Denken, d. h. das Denken *an sich,* einen Einfluss, einen direkten Einfluss auf die gesamte Natur hat. Wie das Netzwerk für interdisziplinäre Ursachenforschung hierzu kommt, werden wir noch sehen.

Generell ist zu beobachten, dass sich viele Wissenschaftler, Organisationen und Einzelpersonen um den Schutz und die Wiederherstellung der Natur bemühen. Auch bei einem überwiegenden Teil der Bevölkerung der meisten Länder der Welt ist heute eine grundsätzliche Einsicht in die Wichtigkeit und Dringlichkeit der Umweltproblematik vorhanden. Ebenso scheint der Wille zu Problemlösungen zu existieren. Es zeigt sich jedoch auch, dass es eine Diskrepanz zwischen dem „Wissen" (Problembewusstsein) und dem „Verhalten" bzw. dem menschlichen Handeln gibt. Die zahlreichen Konferenzen, Tagungen und verschiedenen weltweit einstimmig geschlossenen Abkommen, die sich mit dem Umweltschutz beschäftigen, haben bis jetzt nicht den gewünschten Erfolg hervorgebracht. Ebenso hat der lange Katalog an Handlungsanweisungen der Agenda 21 nicht besonders viel bewirkt. Das Bewusstsein wurde zwar etwas sensibilisiert; grundsätzlich andere Handlungen wurden jedoch nicht eingeleitet oder befolgt.

Es stellt sich daher die Frage: Warum funktioniert es mit dem Naturschutz nicht so, wie es eigentlich notwendig und wünschenswert wäre?

Liegt es daran,

- dass das Interesse an der Natur und die Bemühungen, die Natur zu bewahren und zu schützen, in der Regel seltener dem Interesse entspringen, die Natur *an sich* zu bewahren, sondern eher auf die Angst um die eigene Existenz zurückgehen? Ein Hauptmotiv für Umweltschutz wäre demnach die Sorge, die Natur könnte als Ressource zu Ende gehen.
- dass Naturschutz nicht mehr so ernst genommen oder nur für die eigenen Vorteile benutzt wird? So wird z. B. in der Wirtschaft Umweltschutz vielfach aus Publicity- und Image-Gründen betrieben, obwohl nicht selten wirtschaftliche und gewinnorientierte Gründe im Vordergrund stehen.
- dass oft auch ein gesetzesgeleiteter Umweltschutz vorherrscht, d. h. Naturschutz unter „Zwang" durchgeführt und seine Notwendigkeit nicht als Herzensanliegen „gefühlt" bzw. „empfunden" wird?
- dass Umweltschutz lediglich als Modewort fungiert? Dass der ursprüngliche Elan hinter dem Umweltschutz nachgelassen hat und dass wie bei allen Modeerscheinungen die Worte „Bio" und „umweltfreundlich" zu Worthülsen verkommen sind?
- dass uns noch nicht ausreichend bewusst ist, dass jeder von uns Verantwortung trägt und nicht nur Regierungen und Ämter?

Die Natur als die Grundlage unseres Lebens aus Sorge um unser Fortbestehen schützen zu wollen ist durchaus berechtigt; aber dieses Bestreben ist als alleinige Grundlage für einen zukünftigen, nachhaltigen Naturschutz unzureichend. Denn diese Sorge führt oft nur dahin, dass die Natur für die eigenen Bedürfnisse genutzt wird – oft rücksichtslos und ohne zu erwägen, dass auch sie ihr „Leben" hat. Viel später erst erfahren wir dann die Auswirkungen unseres Handelns als Rückwirkung.

Betrachten wir nun, warum in diesem Artikel von *Natur*- und nicht von *Umwelt*schutz gesprochen wird. Es besteht ein Unterschied zwischen *Umwelt*schutz und *Natur*schutz. Umwelt[4] bezieht sich auf die jeweilige Umgebung des Betrachters – eines Menschen, eines Tieres, einer Pflanze usw. Das heißt, es gibt viele „Teilumwelten". Je nachdem, welche Teilumwelt jeder als die wichtigste oder wertvollste betrachtet, sorgt er sich um diesen Teil der Natur und stellt die anderen zurück. Wenn zu einem beliebigen Zeitpunkt der Boden saniert werden muss, werden andere Naturgüter oft weniger berücksichtigt, z. B. das Grundwasser oder Oberflächengewässer, die durch die Sanierung des Bodens evtl. verschmutzt werden. Naturschutz betrachtet im Unterschied dazu die gesamte Natur[5] in ihrer ursprünglichen Bedeutung, wie wir gleich sehen werden.

Der Gründer des Netzwerks für interdisziplinäre Ursachenforschung und der Hermann-Knoblauch-Akademie – Mensch · Natur · Zukunftswissenschaften, Ingenieur Hermann Knoblauch, hat immer wieder betont, dass wir mit der Natur aufs engste verbunden sind, dass Vernetzungen und gegenseitige Wechselbeziehungen zwischen allen Lebewesen existieren und sie sich deshalb gegenseitig beeinflussen.

Unser – abendländisches – Mensch-Natur-Verhältnis hat sich im Laufe der Geschichte stark verändert. Das liegt vor allem daran, dass die Beziehungen in der Natur, zwischen den Lebewesen in der Natur, wie Hermann Knoblauch deutlich macht, kaum bekannt sind und als solche wenig wahrgenommen werden. Die Mensch-Natur-Beziehung wird besonders durch das Verständnis vom „Leben", von dem, was lebendig ist, von dem, was Leben *an sich* bedeutet, gekennzeichnet, sie ist davon abhängig. Aus diesem Grunde ist es ein wichtiger Schritt in Richtung eines vorsorgenden Naturschutzes, die Mensch-Natur-Beziehung im Zusammenhang mit dem Lebensbegriff neu zu überdenken. Das Natur- bzw. Umweltverhältnis ist ein Korrelat menschlicher Wahrnehmung und menschlichen Handelns. Daher werden im Folgenden einige zentrale Punkte vorgestellt:

1. eine Auseinandersetzung mit der geschichtlichen Entwicklung des Naturbegriffs: sie gibt Aufschluss darüber, wie unser gegenwärtiges Mensch-Natur-Verhältnis entstanden ist und warum wir mit den Naturgütern oft pflegelos umgehen;
2. eine Untersuchung des Lebensbegriffes innerhalb einer Gegenüberstellung von zwei grundsätzlich verschiedenen Naturbildern;
3. der Zusammenhang und die Wechselwirkung zwischen Naturschutz und dem Verständnis von Leben und nicht zuletzt
4. die besondere Verantwortung des Menschen gegenüber der Natur.

Betrachten wir deshalb zunächst, wie sich der Begriff „Natur“ und damit auch die Vorstellung davon was Natur ist, im Laufe der Geschichte geändert hat.

Der Naturbegriff im historischen Überblick

Es werden hier zwei Betrachtungsweisen vorgestellt, zwei „mainstreams“.

Der Begriff „Natur“ leitet sich etymologisch von dem lateinischen „natura“ ab, hat jedoch seinen Ursprung im griechischen Wort „physis“. In der Antike war Physis ein umfassender Begriff. Natur bzw. Physis umfasste den Vorgang des Gebärens, des Wachsens, die Kraft des Werdens. Sie umschließt alles das, was entsteht und wird. Sie erfasst in diesem Verständnis das Weltall in seiner Gesamtheit. Daher war der Begriff Natur gleichgestellt mit einem Verständnis vom Kosmos bzw. der Welt.

Natur umfasste also den gesamten Kosmos. Kosmos wiederum bedeutet Ordnung, harmonische Weltordnung und Schönheit. Also bedeutete auch Natur Ordnung, Harmonie und Schönheit. Da der Kosmos als unendlich angesehen wurde, als anfang- und endlos, wurde auch die Natur als unendlich angesehen. Da Natur „Wachstum“ und „Gebären“ bedeutet und sie sich somit im ständigen Wachstum befindet, wurde sie als belebt und beseelt betrachtet. Denn nur etwas Lebendes kann wachsen und sich weiterentwickeln. Als Substanz der Welt wurde dabei ein belebter Urstoff angenommen. Somit wurde auch Materie als belebt und beseelt betrachtet.

In der griechischen Antike wurde also von einer belebten und beseelten Natur ausgegangen, die unendlich ist. Auf dieser gemeinsamen Grundlage baute der überwiegende Teil der philosophischen Richtungen dieser Zeit seine Ausführungen auf; sie betrachteten dabei die unterschiedlichen Aspekte der belebten Natur.

Manche Vorstellungen der Antike lebten in der Renaissance, in der Neuzeit und im deutschen Idealismus wieder auf.

Vertreter dieses Denkens waren z. B.:

- Giordano Bruno[6]: Er bezeichnete den Kosmos als ein lebendiges Wesen, in dem alle Wesen beseelt sind, wodurch die Lebendigkeit in der Natur, der das Göttliche innewohnt, entsteht.
- Gottfried Wilhelm von Leibniz[7]: Für ihn war die Natur eine Einheit, die aus unendlich vielen „Monaden" aufgebaut ist. Nach ihm spiegelt die Natur in jedem Teil das Ganze wieder, und jeder ihrer Teile ist belebt und individuell.

Einige wichtige Vertreter des deutschen Idealismus waren Immanuel Kant[8], Johann Wolfgang von Goethe[9] und Friedrich Wilhelm Joseph von Schelling[10].

In unterschiedlichen Zeitperioden sahen und sehen viele Naturvölker die Natur als beseelt an. Sie beschreiben die gesamte Natur als von Geistern und Göttern erfüllt, die die Natur beleben und beseelen. Für einige sind und waren nicht nur Bäume, Flüsse usw. lebendig, sondern auch der Wind, der über die Savanne heult. So zeigt z. B. die Rede des Häuptlings der Duwamish, Seattle, an den 14. Präsidenten der Vereinigten Staaten von Amerika, Franklin Pierce, im Jahr 1855 die Verbundenheit der so genannten Naturvölker mit der Natur. Diese Rede wurde als Antwort der Indianer gehalten, nachdem der Präsident der Vereinigten Staaten ihnen nahegelegt hatte, ihr Land an weiße Siedler zu verkaufen. Die Indianer verstanden nicht, wie man Land kaufen oder verkaufen kann. Seattle sagte auszugsweise in seiner Rede: „Die duftenden Blumen sind unsere Schwestern, die Rehe, das Pferd, der große Adler – sind unsere Brüder. Die felsigen Höhen, die saftigen Wiesen, die Körperwärme des Ponys – und des Menschen –, sie alle gehören zur gleichen Familie. ... Glänzendes Wasser, das sich in Bächen und Flüssen bewegt, ist nicht nur Wasser – sondern das Blut unserer Vorfahren. ... Die Flüsse sind unsere Brüder. ... Die Erde ist unsere Mutter. Was die Erde befällt, befällt auch die Söhne der Erde. Wenn Menschen auf die Erde spucken, bespeien sie sich selbst. Denn das wissen wir, die Erde gehört nicht den Menschen, der Mensch gehört der Erde – das wissen wir. Alles ist miteinander verbunden, wie das Blut, das eine Familie vereint. Alles ist verbunden."[11]. Aus dieser Rede wird deutlich, wie die Einstellung zur Natur, wie das Denken über die Natur, die Verbundenheit zu ihr das Handeln beeinflusst und lenkt.

Einige gemeinsame Aussagen der zuvor erwähnten Vertreter eines ganzheitlichen Naturbildes lassen sich folgendermaßen zusammenfassen.[12] Danach bedeutet ein ganzheitliches Welt- und Naturbild Folgendes:

Natur ist:
- das Weltall in seiner Gesamtheit,
- eine harmonische Weltordnung,
- ein beseeltes und belebtes Universum (einschließlich beseelter Materie).

Natur beinhaltet:
- den Vorgang des Gebärens,
- den Vorgang des Wachsens,
- Schönheit;
- Mensch und Natur bilden eine Einheit: Der Mensch ist Teil der Natur;
- in der Natur gibt es eine Vernetztheit aller Lebewesen.

Auf dieser Grundlage bilden alle Teile der Natur, des Kosmos eine lebendige Einheit und stehen in einer steten Wechselbeziehung zueinander. Sie sind aufs engste miteinander vernetzt. Und weiter:

- Der Grundton der Natur ist Harmonie.
- Natur besitzt Wertschätzung
- und einen Eigenwert.
- In der Natur wohnt das Göttliche.
- Natur ist von Geist und Intelligenz durchdrungen.
- Der Mikrokosmos spiegelt den Makrokosmos wider.

Dieses ganzheitliche Welt- und Naturbild hat sich jedoch in der Geschichte nicht durchgängig behaupten können. Im Anschluss an die griechische Antike begann eine neue Entwicklung und eine andere Handlungsweise gegenüber der Natur: Auf solcher Weise verändert das Denken und die Einstellung gegenüber der Natur die Vorstellung von „Naturschutz".

Mit Beginn des Christentums wurde die Natur zu einer Schöpfung Gottes. Dadurch änderte sich das Naturverständnis. Natur besaß keinen Wert mehr in sich, sondern erst dadurch, dass Gott sie erschuf. Damit stand „Gott" außerhalb der Natur. Dem Menschen als Krone der Schöpfung wurde sie als Leihgabe und Grundlage für sein Leben überantwortet. Später gab es auch Strömungen innerhalb des Christentums, die die Begriffe „herrschen" und „untertan machen" aus dem Schöpfungsbericht mit absoluter Macht verwechselten. Auch die verschiedenen bei den Naturvölkern verehrten Naturgötter und -göttinnen und Nymphen usw. wurden dadurch verdrängt und neue Handlungsmöglichkeiten gegenüber der Natur waren denkbar.

Jenes Denken veränderte sich seitdem kaum und blieb über das Mittelalter hinaus bis in die Renaissance bestehen.

In der frühen Neuzeit waren die Aussagen René Descartes'[13] von Bedeutung. Hier wurden die ersten wichtigen Keime für unseren heutigen Materialismus gelegt. Descartes führte alle Naturvorgänge auf rein mechanistische Prinzipien zurück. Die Natur war für ihn eine selbständig funktionierende Maschine, ein Uhrwerk und lediglich ein Objekt für die Forschung. Auch Tieren und Pflanzen „nahm" er die „Seele" und degradierte sie zu Maschinen. Sie erfuhren eine Geringschätzung, da sie für ihn keinen Verstand besaßen.

Der darwinistische Gedanke erweiterte Descartes' erste Saaten. Charles Darwin[14] prägte zusätzlich den Gedanken des Überlebens des Tauglichsten bzw. Stärkeren im Kampf ums Dasein[15]. Seitdem gewann die materialistisch-mechanistische Vorstellung zunehmend an Bedeutung. Die Auffassungen gingen soweit, dass John Stuart Mill[16] im 19. Jahrhundert sagte, dass der Mensch den Auftrag habe, durch sein Tun und sein Einwirken auf die Natur diese immer weiter zu verbessern – eine Auffassung, die z. T. heute noch in manchen Forschungsbereichen zu finden ist.

Dieses mechanistisch-materialistische Welt- und Naturbild beinhaltet folgende Vorstellungen:

- Die Natur ist eine Maschine.
- Sie wird gering geschätzt.
- Subjekt und Objekt werden getrennt.
- Pflanzen und Tiere haben keinen Verstand.
- Die Natur ist quantitativ erfassbar.
- Natur ist Objekt der Forschung.
- Natur ist eine unerschöpfliche Ressource und
- vom Menschen uneingeschränkt beherrschbar.
- Es geht nur um das Überleben des Stärkeren im Kampf ums Dasein.

Auch hieran wird die Wechselbeziehung zwischen Naturbild, Denken und dem daraus resultierenden Handeln deutlich: Wenn von einer Natur ausgegangen wird, die nur als Objekt der Forschung gilt, fällt es nicht schwer, Pflanzen und Tiere als Dinge zu betrachten und dadurch Tier- und Pflanzenversuche zu legitimieren. Wenn wir denken, dass die Natur uneingeschränkt beherrschbar ist, und wir es als unseren Auftrag ansehen, die Natur zu verbessern, dann wundert es nicht, dass die Gentechnik als Methode für diesen Zweck bedenkenlos und ungeachtet der kaum erforschten Folgen für Mensch und Natur in ständig steigendem Maße angewandt und z. T. missbraucht wird. Auch die Medizin ist von diesem Welt- und Naturbild beeinflusst. Denn wenn die Natur und damit auch der Mensch als Teil der Natur dinglich und quantitativ aufgefasst werden, dann können danach Erkrankungen nur chemisch-physikalisch entstehen und geheilt werden. Allerdings hat die Medizin bereits begonnen, diesen Gedanken zu verlassen; psychische und psychosomatische Erkrankungen und entsprechende Heilmethoden gewinnen zunehmend an Bedeutung. Es wird auch hieran deutlich, dass Gedanken über ein Welt- und Naturbild das Handeln und den Umgang mit der Natur verändern und beeinflussen.

Heute herrscht eine Vielfalt konkurrierender Denkansätze und Modelle.

> Naturschutz beinhaltet – zusätzlich zu den bekannten Maßnahmen– Handlungsweisen wie z. B. die Vermeidung von Tier- und Pflanzenversuchen oder von gentechnischen Veränderungen von Lebewesen in der Natur.

Was ist Leben?

Ganzheitliches Naturbild versus mechanistisch-materialistisches Naturbild

Wenden wir uns nun der Frage „Was ist Leben?“ innerhalb der zwei hier vorgestellten Naturbilder zu (Tabelle 1). Daraus, wie diese Frage beantwortet wird, leitet sich die Art und Weise her, wie Naturschutz ausgeübt wird. Es ist ein Unterschied, ob eine lebendige, von Bewusstsein und Intelligenz erfüllte Natur geschützt wird oder ob eine z. T. tote, anorganische und abiotische[17] Natur, die nur als Ressource dient und als leblose Materie angesehen wird, geschützt werden soll.

Was bedeutet „belebte Natur“? Wann ist etwas lebendig? Was charakterisiert ein Lebewesen? Warum betrachten manche Wissenschaftler, Forscher und Philosophen die Natur als belebt und andere nicht? Wo wird die Grenze zwischen lebendig und tot gesetzt, bzw. gibt es eine Grenze? Was leitet sich daraus für unser Naturverständnis und für einen wirkungsvollen Naturschutz ab? Denn je nachdem, wie wir uns die Natur denken, „schützen" wir sie auch. Naturschutz beginnt im Denken!

In der Wissenschaftslandschaft werden verschiedene Begriffe benutzt, um ähnliche Zustände zu beschreiben: belebt und unbelebt, bio-

Ganzheitliches Naturbild	Materialistisches Naturbild
Natur ist: · das Weltall in seiner Gesamtheit, · eine harmonische Weltordnung, · ein beseeltes und belebtes Universum (einschließlich beseelter Materie). Natur beinhaltet: · den Vorgang des Gebärens, · den Vorgang des Wachsens, · Schönheit. · Mensch und Natur bilden eine Einheit: Der Mensch ist Teil der Natur. · In der Natur gibt es eine Vernetztheit aller Lebewesen. Demzufolge bilden alle Teile der Natur, des Kosmos eine lebendige Einheit und stehen in einer steten Wechselbeziehung zueinander. Sie sind aufs engste miteinander vernetzt. · Der Grundton der Natur ist Harmonie. · Natur besitzt Wertschätzung · und einen Eigenwert. · In der Natur wohnt das Göttliche. · Natur ist von Geist und Intelligenz durchdrungen. · Der Mikrokosmos spiegelt den Makrokosmos wider.	. Die Natur ist eine Maschine. · Die Natur ist quantitativ erfassbar. · Natur ist Objekt der Forschung. · Sie wird gering geschätzt. · Pflanzen und Tiere haben keinen Verstand. · Subjekt und Objekt werden getrennt. · Natur ist eine unerschöpfliche Ressource und · vom Menschen uneingeschränkt beherrschbar. · Leben entsteht aus Materie[18]. · Es geht nur um das Überleben des Stärkeren im Kampf ums Dasein.

Tabelle 1: Gegenüberstellung zweier gegensätzlicher Naturbilder

tisch und abiotisch, organisch und anorganisch, Energie und Materie, belebte und unbelebte Materie, chemische und biochemische Reaktionen und Umsetzungen usw. Diese Begriffe deuten jedoch auf Unklarheiten hin. Denn wo liegt der Unterschied zwischen dem, was organisch oder biologisch oder biotisch oder belebt ist? Eine Definition wird durch eine andere, zunächst deutlichere, präzissere Definition ersetzt oder erweitert, sobald Ausnahmen von der Regel auftauchen, die in die Definition nicht hineinpassen. Der neue Begriff soll dann mehr Klarheit verschaffen, es stellt sich jedoch heraus, dass dadurch weitere Unklarheiten entstehen und auch hier wieder Ausnahmen auftauchen. Die unterschiedlichen Arten der Betrachtung von „Leben", die wir gesehen haben, ist durch die Forschungsweise der Naturwissenschaften entstanden, die in immer kleineren Teilen der Materie nach Leben sucht und die das heutige Bild von Leben und Natur dominant prägt.

Das Netzwerk für interdisziplinäre Ursachenforschung geht von einem ganzheitlichen Naturbild aus, in dem die Natur belebt ist. Zu diesem Schluss gelangte das Netzwerk, weil es in seinen Betrachtungen der Natur nicht nur naturwissenschaftliche Aspekte, sondern auch geisteswissenschaftliche Denk- und Interpretationsweisen berücksichtigt (Bild 2). Die Untersuchung verschiedener Welt- und Naturbilder führte zu der logischen These der Lebendigkeit in der Natur.[19] Es gibt nur *eine* Natur, die Geistes- und Naturwissenschaftler gleichermaßen beobachten und erforschen. Aus diesem Grund kann es – konsequent weiter gedacht – nicht diametral entgegengesetzte und sich gegenseitig ausschließende Aussagen über ein und dieselbe Natur geben, sondern lediglich *unterschiedliche, sich ergänzende Aspekte*. Die Unterschiede in den Aussagen darüber was Natur oder Leben ist, entspringen den unterschiedlichen Auffassungen über die Welt. Das mechanistisch-materialistische Weltbild bezieht alle Erklärungen auf die Materie, auf mechanistische und oft spontane Vorgehensweisen. Alles Leben soll in diesem Welt- und Naturbild aus Materie, aus etwas Totem und Abiotischem entstanden sein. Im ganzheitlichen Welt- und Naturbild ist die Natur von Geist, Bewusstsein und Intelligenz durchdrungen. Bewusstsein und Materie gehören zusammen.

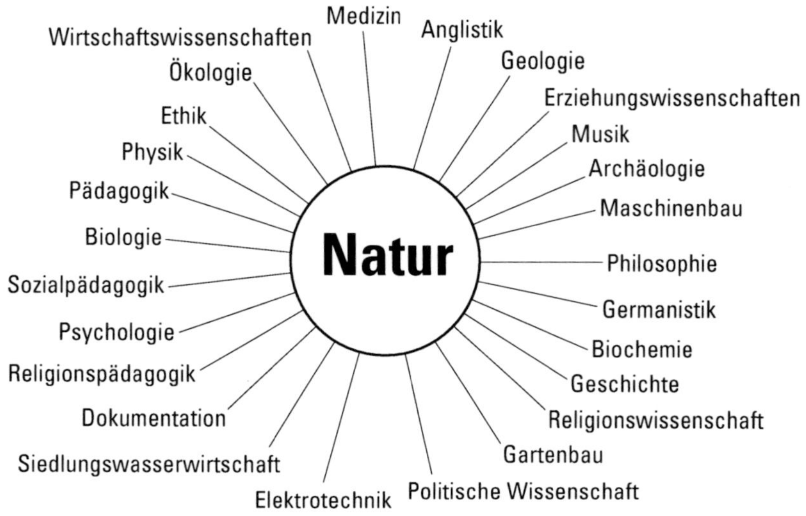

Bild 2: Im Netzwerk für interdisziplinäre Ursachenforschung wird die Natur interdisziplinär betrachtet und untersucht.

Wenn Leben interdisziplinär betrachtet wird, dann ist *Leben Bewusstsein – Kraft oder Geist – und Materie!*

Die Einheit von Kraft oder Bewusstsein und Materie

Gottfried von Purucker, der ein ganzheitliches Welt- und Naturbild vertritt, erklärt den Gedanken eines allgegenwärtigen Lebens, indem er beschreibt, wie in der gesamten Natur Geist, Bewusstsein oder Kraft *in* Materie und mit ihr *zusammenwirken.* Kraft und Stoff sind für ihn fundamental eins.[20] Leben ist daher für von Purucker „... sowohl von Kraft oder Energie als auch von Materie untrennbar ..."[21]. Ein Beispiel für die Untrennbarkeit und das Zusammenwirken von Kraft und Materie bilden die Atome, die unsere Materie aufbauen. Die Atome werden untereinander von interatomaren Kräften zusammengehalten. Jedes Atom wiederum wird durch das Zusammenspiel verschiedener

Kräfte zwischen dem Atomkern, den Protonen und Neutronen, und den Elektronen zusammengehalten. Erst durch ein Gleichgewicht der Kräfte, der Kräfte, die nach außen zur Hülle hinziehen, und denen, die nach innen, zum Kern hinziehen, kann ein Atom ein Atom sein und bleiben. Das bedeutet, dass Kräfte eine Ursache sind für die Existenz der Atome und damit auch der Materie. Die Zwischenräume zwischen Elektronen und Kern sind von Kräften und Kraftfeldern erfüllt. Erst das Zusammenspiel zwischen Kraft und Materie liefert das, das wir als Materie bezeichnen (Bild 3).[22]

Die fundamentale Einheit, die Verwandtschaft von Kraft und Materie wurde durch die Quantenphysik am Anfang des 20. Jahrhunderts experimentell bestätigt. Forschungen haben gezeigt, dass Energie gleichzeitig Materie-Charakter besitzt und Materie Energie-Charakter. Diese Entdeckung ist unter dem Namen „Wellen-Teilchen-Dualismus" bekannt.

Dieser „Wellen-Teilchen-Dualismus" besagt, dass zwischen der Materie oder der „materiellen Welt" und der Energie oder der „Energie-Welt" kein gravierender Unterschied besteht. Energie und Materie

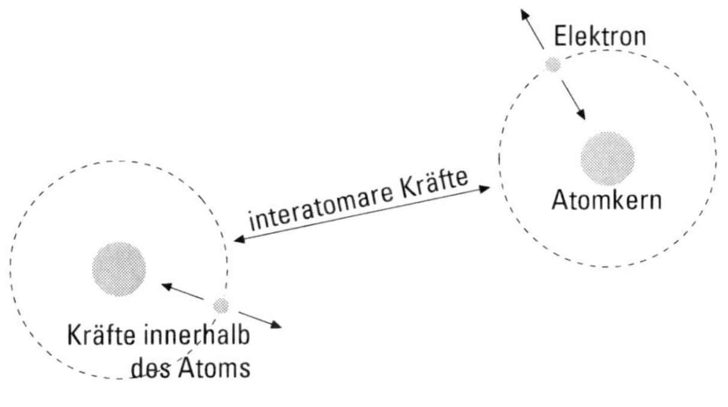

Bild 3: Schematischer Aufbau der Bausteine der Materie.
Die Materie ist aus Atomen aufgebaut. Zwischen und innerhalb der Atome herrschen Kräfte: Aufgrund der Wirkung von Kräften können wir Materie als solche wahrnehmen – Kraft und Materie sind untrennbar.

sind ineinander umwandelbar. Aus Energie kann Materie erzeugt werden und aus Materie Energie. Diese Umwandlung von Materie in Energie findet in der Natur laufend statt. Photonen (Lichtteilchen) zerfallen in Teilchen und in deren entsprechende Antiteilchen. Wenn diese wieder zusammen kommen, entstehen wieder Photonen.

Überall wirken also Kräfte, und die Natur ist von Kraft und Materie aufgebaut. Materie ist ein uns bekannter Begriff. Materie sind die Teilchen, aus denen unsere Welt besteht, dies können wir sehen und sozusagen anfassen. Demgegenüber sind Kräfte unsichtbar und nicht leicht fassbar. Es gibt jedoch eine Vielzahl verschiedener Arten von Kräften. Außer den physikalischen Kräften gibt es z. B. die Willenskraft, die Wunschkraft, die Kraft der Liebe oder z. B. die Kraft, die eine bestimmte Idee entfalten kann. Kraft wird oft auch im Sinne von „Geist" oder „Energie" verwendet. Kraft im Sinne des ganzheitlichen Weltbildes ist nicht etwas lebloses und totes, sondern der Ausdruck von Leben. Für Hermann Knoblauch lieferte die Atomwissenschaft den besten Beweis für die gewaltigen Kräfte, die in jedem Atom eingeschlossen sind. Was könnten die Kräfte anderes sein als der *Ausdruck von Leben?* fragte sich Hermann Knoblauch. Für ihn war es unvorstellbar, von „totem" Leben zu sprechen. Das würde die Grenzen der Logik sprengen.

Kraft oder Energie werden in vielen Philosophien und Religionen auch mit der Seele in Verbindung gebracht. Wie erklären sich die verschiedenen Philosophien, wie die der griechischen Antike, z. B. die platonische, oder die ägyptische, die östlichen usw., die Seele? Sie schreiben der Seele z. B. im Menschen Energien und Kräfte zu wie Wünsche, Emotionen, Gedanken, Intuition, den Willen. Sie lehren, dass es die Seele ist, die jedes Lebewesen zu einem Lebewesen macht. Die verschiedenen Energien oder Kräfte haben verschiedene Qualitäten und Schwingungsfrequenzen und drücken sich entsprechend unterschiedlich aus. In der Hermann-Knoblauch-Akademie wird das Thema der Seele vertieft.

Wenn also vom ganzheitlichen Naturbild ausgegangen wird, dann ist Leben Kraft und Materie – „lebendige" Kraft und Materie, Energie oder Bewusstsein. Die Natur besteht also bzw. ist auf Bewusstsein, auf Energien, auf Seelen aufgebaut. „Natur" ist nichts Statisches, sie ist dynamisch. In ihr leben, evolvieren und wachsen Lebewesen, Bewusstseinseinheiten, Seelen. Bewusstsein ist weder unendlich groß noch klein, Bewusstsein hat keine Ausdehnung. Die verschiedenen bekannten Formen des Lebens, Minerale, Pflanzen, Tiere, Menschen deuten vielmehr auf verschiedene Qualitäten von Bewusstsein, von Bewusstseinseinheiten hin. Ein Mineral hat demnach ein anderes Bewusstsein als eine Pflanze, eine Pflanze ein anderes als ein Tier, und nur der Mensch besitzt eine besondere Art von Bewusstsein, das Selbstbewusstsein. Wenn Bewusstsein auch Kraft ist, dann kann es nicht begrenzt werden, genauso wie eine Kraft oder Energie nicht begrenzt werden kann. Es gibt demnach verschiedene Arten von Bewusstsein, unendlich an der Zahl und an Formen. Bewusstsein ist das, was den Raum, die Natur, das Universum erfüllt und ausmacht, denn erst ein Inhalt kann den Raum bilden. Überall gibt es Kräfte, Bewusstsein der verschiedenen Lebensformen. An dieser Stelle kann die Frage gestellt werden: Warum binden wir Leben nur an uns bekannte Formen?

Wenn Kräfte oder Energien eine Ursache für die Existenz von Materie, von Leben sind und Kraft oder Energie an Lebensformen oder Lebewesen gebunden sind, denen Bewusstsein inhärent ist, dann ist die Ursache allen manifestierten Lebens Bewusstsein. Und damit ist alles in der Natur im Kleinen wie im Großen belebt. Es gibt nichts Totes! So formulierte es u. a. auch Leibniz: „... daher gibt es nichts Ödes, nichts Unfruchtbares, nichts Totes im Universum."[23]

Max Planck[24] hielt ebenso Bewusstsein für fundamental, und auch Carl Friedrich von Weizsäcker sagt, dass er Materie bis in den subatomaren Bereich hinein als beseelt ansieht. Diesen Gedanken erklärt von Purucker so, dass alles, jedes Lebewesen, von anderen, kleineren Lebewesen aufgebaut ist und jedes dieser kleineren Lebewesen – Moleküle, Atome, Elektronen, Protonen usw. – von Bewusstsein durchdrungen ist.

Die Kraft-Materie-Beziehung oder die „Beziehung zwischen

Bewusstsein und der sichtbaren Welt" beschreibt Max Planck in einem Vortrag, in dem er sagt: „Die Natur ist weder Kern noch Schale, alles ist sie mit einem Male. Das Wesentliche ist, daß die Welt der Sinnesempfindungen nicht die einzige Welt ist, die begrifflich existiert, sondern daß es noch eine andere Welt gibt, ... auf die wir auch durch die Arbeit der Wissenschaft immer wieder mit zwingender Deutlichkeit hingewiesen werden."[25]

Wenn also von Kraft und Materie gesprochen wird, von Leben, belebten Lebewesen o. ä., dann ist auch von Bewusstsein die Rede, das sich in irgendeiner Form oder irgendeinem Zustand befindet. Bewusstsein oder eine Bewusstseinseinheit kann aktiv oder schlafend bzw. latent sein. Von Schelling traf ebenso keine Unterscheidung zwischen so genannter „toter" und „lebender" Materie. Er betrachtete scheinbar „unbelebte" Materie als *schlafendes Leben*.[26] Das, was allgemein als tot bezeichnet wird, ist nach von Schelling nur schlafend, oder wir können seine Lebensäußerung nicht erkennen.

Im ganzheitlichen Naturbild ist Leben und Bewusstsein immer auch zugleich an Lebewesen gebunden, selbst dann, wenn sie uns als Kraft erscheinen. Kräfte haben Teilchen-Charakter, sie sind somit auch partikulär und wirken mit- und ineinander. Die Vernetzung in der Natur ist dann nicht mehr nur eine äußerliche Vernetzung, wie wir es beim Wasserkreislauf, Kohlenstoff- oder Stickstoffkreislauf kennen, sondern basiert auf Kräften. Und Kräfte sind bekanntermaßen in ihren Auswirkungen sehr weitreichend. Gemäß dieser Vernetzung beeinflusst und wirkt jede Kraft, jedes Bewusstsein auf jede andere Kraft, jedes Bewusstsein oder jede Materie ein. In diesem Zusammenhang greift auch das Ursache-Wirkungsgesetz, das bei Kräften bekannt ist ein. Eine Kraft – gleich welcher Art – verursacht eine gleich große entgegengerichtete Gegenkraft – eine Wirkung. Dieses Prinzip von Ursache und Wirkung wird in der östlichen Philosophie als Karman[27] bezeichnet. Es bedeutet, dass zu jeder Wirkung, gleich welcher Färbung, ob „gut" oder „schlecht", eine Ursache gelegt worden ist. Das Prinzip von Ursache und Wirkung, das in der Natur verankert ist, ist Grundlage der Aussage, dass jeder Mensch für die Folgen eigener Handlungen verantwortlich ist, für sein „Glück" oder „Unglück". Das eigene Leben ist demnach das Resultat eigener Handlungen, Entscheidungen usw., eigener Verursachung.

Ausgehend von dieser „Kräftevernetzung" in einer lebendigen Natur stellen Hermann Knoblauch und das Netzwerk für interdisziplinäre Ursachenforschung die These auf, dass Emotionen, Gefühle und Gedanken als Kräfte ebenfalls eine ganz erhebliche Wirkung auf die Natur haben.

Wenn Gedanken als Kräfte oder Energien angenommen werden, dann werden sie genauso wie auch alle anderen Kräfte der verschiedensten Qualitäten auf die gesamte Natur einwirken, die gesamte Natur durchdringen und entsprechende Wirkungen verursachen. Hermann Knoblauch geht davon aus, dass Gedanken gewissermaßen auf einer von der Wissenschaft noch nicht erforschten bzw. messbaren Frequenz liegen. Was den Einfluss der Gedankenkräfte auf die Pflanzenwelt betrifft, haben einige wissenschaftliche Versuche, wie sie z. B. von Backster und Vogel in den 60er und 70er Jahren durchgeführt wurden und auch heute noch von anderen Wissenschaftlern durchgeführt werden, gezeigt, dass Pflanzen durchaus auf Gedanken und Gefühle wie Zuneigung und Fürsorge reagieren. Jüngere Versuche in Schulen und privaten Forschungseinrichtungen zeigten, dass Pflanzen auch auf Musik empfindlich reagieren, also auf bestimmte Schwingungsfrequenzen. Interessant ist dabei, dass die verwendeten bzw. untersuchten Pflanzen „unterscheiden" können zwischen verschiedenen Arten von Musik z. B. zwischen klassischer und Heavy-Metal-Musik. Bemerkenswert ist, dass sie sich bei den mehr harmonischen Klängen der klassischen Musik weitaus besser entwickeln als z. B. bei harter Rockmusik, bei der sie eher verkümmern. Dies lässt übrigens interessante Schlüsse in Bezug auf menschliche Verhaltensweisen zu. Warum sollte die Pflanzenwelt nicht auch auf Gedanken, ihre verschiedenen Qualitäten, unterschiedliche Färbungen usw. reagieren und zwischen egoistischen, kämpferischen oder harmonischen Gedanken der Liebe, des Allgemeinwohls usw. in gewissem Maße unterscheiden können? Obwohl es mehrere Untersuchungen auf diesem

Gebiet gibt, wird diese Art der Forschung und ihre Ergebnisse nicht besonders verbreitet und publik gemacht. Ein Grund liegt sicherlich darin, dass der größte Teil wissenschaftlicher Arbeiten als Grundlage für die Forschung und die anschließende Interpretation materialistische und mechanistische Weltbilder benutzt. In diesen Welt- und Naturbildern gibt es keinen Raum für Begriffe und Bedeutungen wie Bewusstsein oder Seele, da alles von Seiten der Materie aus betrachtet und begründet wird. Ganzheitliche Ansätze, in denen sowohl naturwissenschaftliche als auch geisteswissenschaftliche Blickwinkel und Interpretationsweisen berücksichtigt und ernst genommen werden, sind heute noch selten, sie werden oftmals als unwissenschaftlich kritisiert, und das, obwohl ursprüngliche Wissenschaft immer auch „ganzheitlich" forschte, und ihr Philosophie und Ethik als Grundlage diente.[28] Unter dem Fach „Physik" z. B. wurde im antiken Griechenland nicht nur die heutige „physikalische" Physik verstanden, sondern unter Physik wurden Biologie, Philosophie und Physik als eine Einheit betrachtet. Das „Lebendige" wurde nicht von seinen Erscheinungsformen und Mechanismen getrennt gesehen. Auch in der platonischen Akademie, deren Gründung für die westeuropäische Wissenschaft ein historisches Ereignis darstellt, wurden die verschiedenen Fächer nicht getrennt gelehrt. Viel wichtiger war jedoch, dass sie auf der Basis von Ethik gelehrt wurden. Philosophie und Ethik bildeten keine theoretischen Fächer und Nebenfächer, wie wir dies oft in der heutigen Wissenschaft kennen, sondern sie waren praktische Hauptfächer. Auch wurde von denjenigen, die die Akademie besuchten und „absolvierten" und sich dadurch mehr Wissen aneigneten als andere, „verlangt", als Vorbilder zu fungieren.

Kommen wir zu der Frage zurück, ob und wie Gedanken die Welt beeinflussen: Das Zusammenspiel zwischen Gedanken und der materiellen Welt erläutert besonders Platon[29] in seiner Ideenlehre. Platon hat zwischen „zwei Welten" unterschieden, die jedoch zusammen gehören und eine Einheit, ein Universum bilden: Er machte den Unterschied zwischen einer wirklichen Welt, der *Ideenwelt,* und einer *Sinneswelt,* der materiellen Welt, die jedoch von der ideellen Welt abhängig ist. Hierin liegt die Wechselwirkung zwischen der Ideenwelt und der materiellen Sinneswelt. Die Sinneswelt war für Platon ein Abbild der Ideenwelt. Die Ideenwelt ist sozusagen der Architekt der Sinneswelt. Da Gedanken Teile in dieser Ideenwelt sind, beeinflussen sie auch die Natur.[30] Die Unterscheidung in Sinneswelt und Ideenwelt verhält sich analog zu der Unterscheidung zwischen Kraft und Materie, zwischen lebendiger Kraft und lebendiger Materie.

Nach diesen Ausführungen nähern wir uns der Frage, ob *Gedanken* einer bestimmten Qualität eine *direkte Ursache* für unsere kranke Natur sind, und ob es außer dem viel diskutierten Elektrosmog auch einen „Gedankensmog" gibt. Sollte dies der Fall sein, dann würde es bedeutet, dass Naturschutz tatsächlich im Denken, in unseren eigenen Gedanken beginnt. Das Netzwerk für interdisziplinäre Ursachenforschung verfolgt diese These und forscht in diesem Gebiet weiter.

Kann es etwas geben, das nicht von Leben erfüllt ist?

Stellen wir dem Gedanken des lebendigen, ganzheitlichen Universums den Gedanken des materialistischen mechanistischen Weltbildes entgegen: In diesem gibt es eine Unterscheidung zwischen lebendig und tot. Diese Unterscheidung basiert auf äußeren Formen, auf Größe und Struktur. Erst komplexe Strukturen mit hoher Organisation sind in diesem Weltbild Lebewesen. Das hieße jedoch, dass hochentwickelte Lebewesen aus nicht lebendigem Material aufgebaut wären, sozusagen tote Materie würde lebendige aufbauen.[31] Auf der anderen Seite bewiesen Louis Pasteur und Hermann Hofmann experimentell, dass Lebendes nur aus Lebendem entsteht: *„Omne vivum ex vivo"*[32]. Also kann, nach dieser wissenschaftlichen Erkenntnis, aus etwas Totem nichts Lebendes entstehen, auch nicht spontan oder durch „Zufall". Obwohl solche und ähnliche philosophische und experimentelle Beweise existieren, dass Leben nur aus Leben entstehen kann, bleiben viele Wissenschaftler trotzdem an dem Gedanken hängen, dass vielleicht doch das erste Leben aus dem „Nichts" oder aus etwas „Totem" entstanden sein könnte.[33]

Betrachten wir weiterhin, wie die Biologie Leben definiert. Damit etwas als lebendig betrachtet wird, müssen folgende umfangreiche Kriterien erfüllt sein: Ordnung, Fortpflanzung, Wachstum und Entwicklung, Energienutzung, Reaktion auf die Umwelt, Homöostase, Bewegung, Evolution. Wenn die Natur beobachtet wird, dann fallen mehrere Lebewesen auf, die nicht dieser Definition entsprechen und dennoch anerkanntermaßen Lebewesen sind. Hier sei ein interessantes Beispiel vorgestellt: Es gibt eine Art von Garnelen (*Artemia franciscana*), die bis zu zwei Jahren ohne Stoffwechsel, überleben kann, bis die entsprechenden Umweltbedingungen es zulassen, ihre Entwicklung fortzusetzen.[34] Eine Diskrepanz zwischen Definition und Wirklichkeit wird hierdurch deutlich. Diese Diskrepanz jedoch existiert, weil nur die Materie betrachtet wird und die äußere Form. Sehen wir hinter der Garnele ein „Garnelen-Bewusstsein" und einen Zustand des Schlafes, wie es von Schelling sagen würde, dann gewinnen alle „Dinge" und alle „Materie" an Lebendigkeit. Dann werden nicht nur „schlafende" und „ruhende" Garnelen lebendig sein, sondern das gesamte Universum.

Naturschutz: Eine Aufforderung an den Menschen!

Führen wir nun einige Fäden zusammen: Nach den Forschungsarbeiten im Netzwerk für interdisziplinäre Ursachenforschung ist von der These auszugehen, dass die Natur ein lebendiger Organismus, eine lebendige Einheit ist und von Kräften, von Bewusstsein und Intelligenzen erfüllt und aufgebaut ist. In dieser Einheit der Natur spielt der Mensch eine besondere Rolle. Aufgrund der Tatsache, dass er als einziges Lebewesen Selbstbewusstsein – eine besondere Qualität des Denkens – besitzt, nachdenken kann, sich bewusst entscheiden kann, sich ebenso bewusst in andere Situationen hineinversetzen kann, dass er Intuition, Urteilskraft und Verstand besitzt, trägt er eine große Verantwortung gegenüber der ihn umgebenden Natur oder Um- bzw. Mitwelt, gegenüber allen Lebewesen.

Verantwortung tragen heißt u. a. Verantwortung für die Folgen von

Handlungen und auch von Unterlassungen zu tragen – für Dinge, Zustände oder Personen. Die letzte Art der Verantwortung gehört zur Kategorie der menschlichen Pflichten, die wir der Natur und jedem Mitmenschen gegenüber haben, ein Thema, das in der Hermann-Knoblauch-Akademie intensiv behandelt wird.

Nur der Mensch kann sich gegen die Natur stellen, gegen ihre Kreisläufe und Naturgesetze wirken und handeln. Innerhalb der Natur existiert überwiegend Harmonie, Kooperation, friedliche Koexistenz, Zusammenleben. Der Mensch ist derjenige, der Ungleichgewichte verursacht und der Natur schadet. Natur ist jedoch ein großer lebendiger Organismus, der wächst, evolviert und fortschreitet, was der Begriff „Natur" an sich bedeutet. Da wir Teil der Natur sind und in ihr leben, wachsen, evolvieren und schreiten wir *zusammen* mit der Natur fort. Nach von Purucker ist es regelrecht eine Ketzerei, wenn sich der Mensch gegen die Natur stellt und sich außerhalb[35] und getrennt von ihr sieht. Er kann durch sein „Getrenntsein" über die Natur bestimmen und nach eigenem Ermessen handeln, ohne an Konsequenzen zu denken, die durch die Vernetzung zwischen Mensch und „übriger" Natur existieren und hervorgerufen werden können. Mit diesen Gedanken und dieser Einstellung sind wir zu dem heutigen Zustand unserer Natur gelangt und wissen oft nicht weiter. Wenn jedoch die These angenommen wird, dass innerhalb der Natur eine universale Vernetzung existiert, dann treten vielfältige Wechselwirkungen und Beziehungen zutage. Einige können gemessen oder gewogen werden, andere bestehen in einer immateriellen Vernetzung. Kräftevernetzungen können schwer lokalisiert und gemessen werden, aber ihre Wirkung ist weitreichend.

Wenn wir also der „Natur" schaden und sie an ihrer Entwicklung behindern, dann hat dies Konsequenzen auch für unser eigenes Leben sowie für die gesamte Evolution auf Erden. Hier kommt das Ursache-Wirkungs-Prinzip zum Tragen, das wir weltweit mit Schrecken verfolgen!

Pythagoras bringt in Bezug auf die Verantwortung des Menschen für die Evolution innerhalb der Natur einen außergewöhnlichen Gedanken, den auch von Purucker äußert: Aufgabe des Menschen, sagt er, ist es, die Natur zu erheben. Dies kann so verstanden werden, dass der Mensch die Fähigkeit besitzt, die Natur, d. h. die einzelnen Bewusstseinseinheiten, in ihrer Entwicklung zu fördern. Heute wird der Mensch oft beschimpft, weil er nur Schaden anrichtet und Unordnung in den natürlichen Kreislauf bringt. Wenn die Fähigkeiten jedoch fördernd eingesetzt werden, ist jeder Mensch ein „Freund und Helfer" der Natur. Jede Medaille hat zwei Seiten!

Für einen tiefgreifenden Naturschutz spielt also unsere Einstellung zur Natur eine entscheidende Rolle. Wie kann Respekt gegenüber einer Natur gezeigt werden, die nur spontan und zufällig, aus anorganischen, abiotischen, also toten Molekülen besteht bzw. daraus entstanden sein soll? Wenn jedoch geistige Kräfte, Intelligenzen diese Natur beleben und hervorbringen, wie es in vielen Mythologien und Philosophien angedeutet wird, dann gewinnen die Natur, das Leben, das gesamte Universum an Bedeutung und an Wert. Die Natur hat ihr Leben und einen Eigenwert. Der Umgang mit einem lebenden Organismus fällt dann leicht.

Wir können also sagen, dass der Naturschutz durch unsere Einstellung zur Natur geprägt wird, dass das Mensch-Natur-Verhältnis von dem Lebensbegriff abhängt und, dass wenn von einem ganzheitlichen Naturbild, einer lebendigen Natur ausgegangen wird, auch Gedanken wesenhaft sind und als Kräfte Einfluss auf die gesamte Natur ausüben. Hierin liegt unsere wichtige Verantwortung.

---

* Dr.-Ing. Antonia Donta, Diplom-Biochemikerin.

1 Hier wird nicht auf die ökonomischen und sozialen Belange im Sinne der UNCED (United Nations Conference for Environment and Development) eingegangen.

2 Grundwasserverunreinigung, Schiff- oder Tankerunglücke, Oberflächenwasserverunreinigungen.

[3] Vgl. den Artikel von Baß, Claudia und Kampmann, Ute: „Evolution im Dialog zwischen Wissenschaft und Philosophie".

[4] Der Begriff „Umwelt" wurde ursprünglich von dem Biologen Jakob von Uexküll (1864–1944) in die biologisch-ökologische Diskussion eingebracht. Von Uexküll definierte ihn – bezogen auf die Tierwelt – folgendermaßen: „Umwelt ist die spezifische, lebenswichtige Umgebung einer Tierart, die als Merkwelt (Gesamtheit ihrer Merkmale) wahrgenommen wird und als Wirkwelt (Gesamtheit ihrer Wirkmale) das Verhalten der Artenvertreter bestimmt (Funktionskreis)".

[5] Betrachtungsweise des Netzwerks für interdisziplinäre Ursachenforschung.

[6] Philosoph, 1548–1600.

[7] Philosoph, Mathematiker, Physiker, Techniker, Universalgelehrter, 1646–1716.

[8] Philosoph, 1724–1804.

[9] vor allem bekannt als Dichter, 1749–1832.

[10] Philosoph, 1775–1854.

[11] Wir sind ein Teil der Erde. Olten und Freiburg, [17]1987

[12] Es wurden einige Vertreter eines ganzheitlichen Welt- und Naturbildes vorgestellt, ihre Aussagen und „Lehren" jedoch aus Zeit- und Platzgründen nicht in ihrer Gesamtheit behandelt. Hier soll lediglich eine Zusammenfassung einiger wichtigen Aussagen unternommen werden, um zu zeigen, was unter einem ganzheitlichen Naturbild verstanden werden kann.

[13] Philosoph und Mathematiker, 1596–1650.

[14] Naturforscher, 1809–1882.

[15] Vgl. den Artikel von Claudia Baß und Ute Kampmann: „Evolution im Dialog zwischen Wissenschaft und Philosophie".

[16] Philosoph und Volkswirt, 1806–1873.

[17] Gr. bios = Leben.

[18] Vgl. den Artikel „Entstehung des Universums – Alternativen zur Urknalltheorie" von Heidrun Bethge und den Artikel „Die Welt der Atome. Braucht die Physik ein neues Weltbild?" von Hannes Frischat.

[19] Forschungsergebnisse des Netzwerks für interdisziplinäre Ursachenforschung. Hierzu werden im Folgenden sowie in den Artikeln von Heidrun Bethge „Entstehung des Universums – Alternativen zur Urknalltheorie" und von Hannes Frischat „Die Welt der Atome. Braucht die Physik ein neues Weltbild?" verschiedene Aspekte dazu betrachtet.

[20] Von Purucker, Gottfried: Der Mensch in der Unendlichkeit. Hannover, 1987, S. 309 f.

[21] Von Purucker, Gottfried: Mit der Wissenschaft hinter die Schleier der Natur. Hannover, 1988, S. 50.

[22] Vgl. den Artikel „Die Welt der Atome. Braucht die Physik ein neues Weltbild?" von Hannes Frischat.

[23] Leibniz, Gottfried Wilhelm: Monadologie. Hamburg, 1982, Abs. 65–69.

[24] Physiker, 1858–1947.

[25] Planck, Max: Sinn und Grenzen der exakten Wissenschaft, Leipzig, [2]1947, S. 19.

[26] Heiland, S.: Naturverständnis. Darmstadt, 1992, S. 57.

[27] Karman ist ein Sanskritausdruck. Er stammt von der Wurzel kri mit der Bedeutung „tun", „machen", buchstäblich „tuend", „machend", Handlung. Im Deutschen lässt sich Karman mit „Folge" oder „Wirkung" übersetzen. Karma ist der Ausgleich von Energien.

[28] Vgl. den Artikel „Ethik in der Praxis – Chancen für Beruf und Alltag" von Marion Pusch und Manola Märtens.

[29] In ähnlicher Weise hat auch Max Planck von einer „materiellen" und einer „imateriellen" Welt gesprochen, als er von „zwei" Welten sprach, von dem Kern und der Schale in der Natur, von der Welt der Sinnesempfindungen und einer „anderen" Welt (s.o.). Auch Leibniz unterscheidet zwischen der Welt der Erscheinungen und der Welt der Substanzen oder Monaden. „Die Welt, die wir wahrnehmen und in der wir uns handelnd bewegen, ist durch kausale Gesetze bestimmt, es ist die Welt der Naturwissenschaften. Aber diese Welt ist nicht die einzige Wirklichkeit; vielmehr ist die sichtbare Welt begründet in der ‚geistigen' Welt der Substanzen. Die Substanzen sind Kraftzentren, die einfach und unteilbar sind, aber trotzdem in sich die gesamte Wirklichkeit spiegeln ..." (nach Popp, Karl und Stein, Erwin(Hrsg.): Gottfried Wilhelm Leibniz. Das Wirken des großen Universalgelehrten als Philosoph, Mathematiker, Physiker, Techniker. Hannover, 2000, S. 37).

[30] Zum Thema „Denken" als Grundprinzip der Evolution vgl. den Artikel von Baß und Kampmann: „Evolution im Dialog zwischen Wissenschaft und Philosophie".

[31] Vgl. auch den Artikel „Entstehung des Universums – Alternativen zur Urknalltheorie" von Heidrun Bethge.

[32] Zit. nach: Lindner: Biologie: Die Entstehung des Lebens auf der Erde. Stuttgart, [18]1977, S. 313.

[33] Vgl. auch den Artikel „Entstehung des Universums – Alternativen zur Urknalltheorie" von Heidrun Bethge.

[34] Liang Ping, Amons Reinout, Macrae Thomas H., Clegg James S.: Purification, structure and in vitro molecular-chaperone activity of Artemia p26, a small heat-shock/a-crystallin protein. In: Eur. J. Biochem. 243, 1997, S. 225–232

[35] Unter Natur wird heute oft der vom Menschen durch Kultur und Technik unberührte Urzustand der Welt verstanden, d. h. „die Gesamtheit der Gegenstände, die wir vorfinden und die ohne menschlichen Willen und ohne menschliches Zutun von sich aus existieren, erzeugt werden oder entstehen und sich erhalten" (siehe Gloy, Karen: Das Verständnis der Natur. Bd. I. Die Geschichte des wissenschaftlichen Denkens. München, 1995, S. 23ff). Gemäß dieser Definition „trennt" sich der Mensch von der Natur und steht außerhalb von ihr.

Solange von der Wissenschaft nicht erkannt wird, dass das Universum ein gewaltiger, von „Leben" und „Bewusstsein" erfüllter Organismus ist, eine lebende Wesenheit, die sich ihrerseits aus lebenden Wesenheiten zusammensetzt, wird sie lediglich mit leblos erscheinenden Körpern, mit leeren Schalen operieren, deren inhärentes Leben ihr aber verborgen bleibt. So bleibt sie eine tote, auf Theorien und Hypothesen aufgebaute Wissenschaft.

Hermann Knoblauch

Entstehung des Universums – Alternativen zur Urknalltheorie

Heidrun Bethge *

In der Öffentlichkeit gilt der Urknall fast als selbstverständliche Tatsache. Doch hat es ihn wirklich gegeben? Zahlreiche aus Experimenten gewonnene Erkenntnisse sowie philosophische Überlegungen zwingen zu einem Umdenken. Letztlich ist die Beantwortung dieser Grundsatzfrage für die Erklärung aller Lebensprozesse – materiell wie geistig – entscheidend.

Die Frage nach der Entstehung des Universums ist eine der grundlegenden Fragen, die sich der Mensch auf der Suche nach seinem Ursprung stellt. Denn die Frage nach dem Ursprung des Universums beantwortet zu einem großen Teil auch die Frage nach unserem eigenen

Ursprung. Woher kommen wir – wohin gehen wir? Die Kulturen jeglicher Epochen haben nach Antworten hierauf gesucht. Von jeher versucht der Mensch zu ergründen, woher er stammt, um damit auch dem Sinn des Daseins näherzukommen. Wenn er nach dem Ursprung des Universums fragt, so fragt er gleichzeitig nach einer kausalen Begründung für seine eigene, jetzige Existenz.

Somit rückt also der Ursprung des Universums, wie viele Milliarden oder Abermilliarden Jahre auch immer er zurückliegen mag, direkt in unser Blickfeld. Der Ursprung des Universums ist nicht lediglich irgendein Ereignis in der weit entfernten Vergangenheit, über das aufgrund dieser unüberbrückbar erscheinenden Zeitdistanz keine Erkenntnisse gewonnen werden können. Er interessiert uns, weil er uns und die uns umgebende Natur ganz unmittelbar betrifft. Rein physikalische Überlegungen zum Ursprung der Materie können jedoch nur einen kleinen Teil der Fragen zur Entstehung eines von Leben erfüllten Universums beantworten.

In früheren Zeiten – und auch in vielen heutigen Kulturen – wurden die essenziellen Fragen nach dem Ursprung des Universums durch Schöpfungsmythen und Religionen beantwortet. Mit Hilfe von Allegorien wurde fast immer die Geburt des Universums als ein kausales Ereignis geschildert, von Intelligenz geleitet und notwendig für das jetzige Leben. Solche Mythen zeigten dem Fragenden, dass er eingebettet ist in ein ursächliches Universum.

Heute wird seitens der Naturwissenschaft versucht, die Frage nach dem Ursprung des Universums auf physikalische Weise zu beantworten. Die Naturwissenschaft sucht nach Indizienbeweisen, um den Ur-

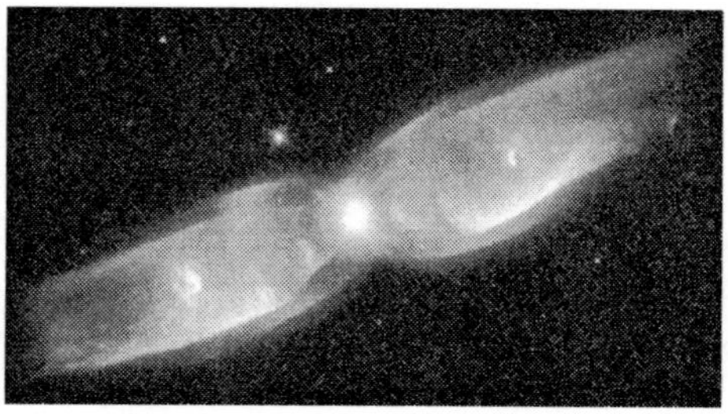

Bild 1: Planetarischer Nebel M2-9, aufgenommen mit dem Hubble Weltraumteleskop.

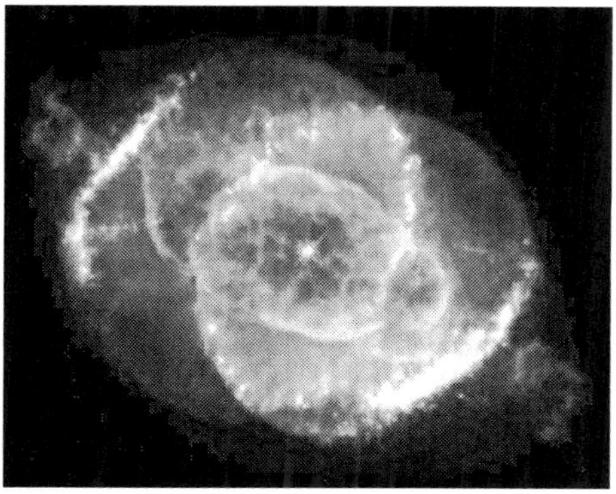

Bild 2: Der Katzenaugennebel (NGC 6543) ist etwa 3000 Lichtjahre von der Erde entfernt. Er ist einer der komplexesten planetarischen Nebel, die bisher entdeckt wurden.

sprung des Universums zu finden. Sie beschränkt sich dabei auf physikalisch nachweisbare Messgrößen. Höchst genaue Messungen von Strahlungen entferntester Sonnen und Galaxien wurden ausgewertet. Aufgrund dieser Messungen ist unser Wissen um den physikalischen Aufbau des Universums in den letzten Jahrzehnten enorm angewachsen. Durch immer bessere Messverfahren und Teleskope wurden laufend weitere Details entdeckt. Das Weltraumteleskop Hubble lieferte wunderbare Bilder bislang unbekannter Orte im All. Diese Bilder gewähren den Blick in faszinierende fremde Welten. Sie zeugen von majestätischer Harmonie und Ordnung im Universum (Bild 1, Bild 2).

Die Naturwissenschaft entstand zur Zeit der Renaissance aus dem Bestreben heraus, Erkenntnisse vorbehaltlos und ohne Dogmen erzielen zu können, indem die Natur beobachtet wird. Diese Beobachtung soll für jedermann nachvollziehbar und überprüfbar sein. Die Wissenschaft wollte Schluss machen mit aufoktroyierten Lehrmeinungen. Die Naturwissenschaft leitete ein neues Kapitel der Erkenntnissuche ein, indem sie sich als ein oberstes Ziel setzte, nur in der Natur selbst gefundene Tatsachen und keine Spekulationen in die Wissenschaft einzulassen. Doch wie sieht es aus, wenn von Seiten der Wissenschaft über den Ursprung des Universums gesprochen wird? Ein recht großer Anteil der Kosmologen ist sich darüber einig, dass das Universum vor 10–20 Milliarden Jahren mit einem Urknall entstanden ist. Lediglich die Details des genauen Ablaufs des Urknalls sind noch strittig. Dabei kann in keiner Weise behauptet werden, dass die wenigen experimentell gefundenen Fakten, die zur Stützung der Urknalltheorie herangezogen werden, ein unumstößlicher Beweis für diese Theorie sind. Es gibt jedoch auch einen nicht zu vernachlässigenden Anteil an Astronomen und Kosmologen, welche die Urknalltheorie als unhaltbar ablehnen. Hört man hingegen die Massenmedien zum Thema „Ursprung des Universums" berichten, so wird der Urknall meist nicht hinterfragt. Es wird gerade in populärwissenschaftlichen Sendungen wie selbstverständlich von dem Urknall berichtet, dessen Existenz die Wissenschaft angeblich bewiesen hat. Und dies hat natürlich unmittelbare Auswirkungen auf das Meinungsbild in der Bevölkerung. Nur wenige in der westlichen Welt zweifeln den Urknall an, da er doch als wissenschaftlich bewiesen gilt!

Das Netzwerk für interdisziplinäre Ursachenforschung hat zahlreiche Widersprüche in der Urknalltheorie aufgedeckt, die insbesondere auch die geisteswissenschaftlichen Aspekte betreffen. Diese Argumente sollen im Folgenden aufgezeigt werden. Hierbei soll deutlich werden, dass die Wissenschaft keineswegs einen „Beweis" für den Urknall erbracht hat.

Urknalltheorie und Widersprüche

Die Urknalltheorie wurde vor etwa 70 Jahren entwickelt. Populär wurde sie erst vor 40 bis 50 Jahren. Sie besagt, dass das gesamte Universum vor 10–20 Milliarden Jahren aus einem Punkt heraus entstanden ist. Dieser Punkt soll sämtliche, unser jetziges Universum zusammensetzende Materie enthalten haben, zerlegt in Elementarteilchen, unendlich heiß und unendlich komprimiert. Mit dem Urknall begann sich diese Materie plötzlich explosionsartig auszudehnen. Nach dem Urknall sollen sich die Elementarteilchen in einem Jahrmillionen dauernden Prozess zunächst zu übergeordneten Elementarteilchen zusammengefunden haben, und schließlich auch zu Atomen und Molekülen. Im Großen fand nach dieser Theorie eine Ordnung durch zufälliges Zusammentreffen von Atomen und Molekülen zu größeren

Einheiten statt. So entstanden nach der Urknalltheorie Galaxien, Sonnensysteme, Sonnen, Planeten, Monde und sämtliches Leben rein zufällig.

Vor allem sind es zwei experimentell belegbare Fakten, auf die sich die Urknalltheoretiker stützen. Zum einen wurde entdeckt, dass das Licht von weit entfernten Galaxien zum Roten hin verschoben wurde. Das bedeutet, dass das Licht, das von den Galaxien kommt, in seiner Energie vermindert bei uns antrifft. Diese Energieabnahme ist umso stärker, je weiter die Galaxie von uns entfernt ist. Dies kann verschieden gedeutet werden. Die Urknalltheoretiker deuten sie als Dopplereffekt. Dieser Effekt ist allgemein bekannt: Wenn sich ein Polizeiauto von einem Passanten entfernt, wird der gehörte Ton der Sirene tiefer. In Bezug auf den Kosmos soll der Dopplereffekt durch ein Auseinanderfliegen der Galaxien zustande kommen. So wird angenommen, dass sich die Galaxien, durch den Urknall bedingt, ständig voneinander entfernen.

Die zweite experimentell erforschte Säule, auf die sich die Urknalltheorie stützt, ist die Entdeckung einer fast homogenen Mikrowellen-Hintergrundstrahlung. Sie wurde 1965 entdeckt. Diese Strahlung scheint uns aus allen Himmelsrichtungen in sehr gleichförmiger Weise zu erreichen. Sie wird in der Urknalltheorie als Echo des Urknalls gedeutet.

Die beiden experimentell erforschten Tatsachen, die Rotverschiebung und die Hintergrundstrahlung, werden in wissenschaftlichen Kreisen durchaus verschieden und teilweise vollkommen anders interpretiert, als es die Urknalltheoretiker tun. Dadurch ergeben sich völlig andere Schlussfolgerungen, so dass der Urknall keinesfalls die einzige Erklärung für Rotverschiebung und Hintergrundstrahlung ist. Im Gegenteil, es ist sogar so, dass der Urknall sehr unwahrscheinlich wird, wenn man weitere experimentelle Befunde betrachtet. Im Folgenden soll kurz eine kleine Auswahl der wissenschaftlichen Argumente aufgezeigt werden, die die Annahme eines Urknalls immer unwahrscheinlicher werden lassen.

Die beobachtete Rotverschiebung des von den Galaxien kommenden Lichtes muss nicht zwangsläufig mit einem Auseinanderdriften der Galaxien erklärt werden. Experimentelle Tatsache ist, dass das Licht Energie verliert. Hierfür gibt es auch andere Erklärungsansätze. Das Licht der Galaxien muss auf seinem Weg durch den Raum riesige Entfernungen zurücklegen, bis es bei uns ankommt. Die Physik hält den Raum zwischen den Sternen für leer. Was aber, wenn dieser Raum gar nicht so leer ist, wie angenommen? Die Annahme einer „Fülle" in jedem Raumpunkt des Alls ist eine alte philosophische Vorstellung. So sagt Leibniz, dass jeder noch so kleine Teil die ganze Welt auszudrükken vermag. Die Physik nähert sich dieser Vorstellung von der Seite der Elementarteilchentheorie an. Neueste Experimente lassen den Schluss zu, dass die lange als unteilbar angesehenen Quarks ebenfalls in kleinere Einheiten teilbar sind[1,2,3]. Solche kleinen Teilchen sind in der Lage, dem Licht so viel Energie zu nehmen, dass sich die beobachtete Rotverschiebung ergibt. Allein die Existenz von solch kleinsten Teilchen würde ausreichen, um ein Auseinanderdriften der Galaxien als Erklärung völlig unnötig werden zu lassen[4]. Licht verliert Energie, während es von entfernten Galaxien zu uns durch die Weiten des Raumes fliegt. Dieser Energieverlust wächst proportional zur zurückgelegten Entfernung, genau wie die Rotverschiebung um so größer ist, je weiter die Galaxien entfernt sind. Diese „Ermüdung des Lichtes" kann dadurch entstehen, dass Stoßprozesse mit kleinsten Teilchen die Energie des Lichtes verringern.

1986 entdeckte R. Brent Tully von der Universität von Hawaii Bänder von Galaxien-Superclustern (Bild 3). Diese Bänder sind 300 Millionen Lichtjahre hoch und 100 Millionen Lichtjahre dick und erstrecken sich über eine Entfernung von 1 Milliarde Lichtjahre[5]. Der Versuch, sich eine solch gigantische Struktur vorzustellen, ist fast unmöglich. Man erkennt, dass die Erde nur ein Staubkörnchen im riesigen Universum ist.

Diese Bänder sind jedoch viel zu groß, als dass sie durch einen Urknall erzeugt worden sein können. Bei der nach der Urknalltheorie angenommenen Geschwindigkeit der Galaxien würde es mindestens

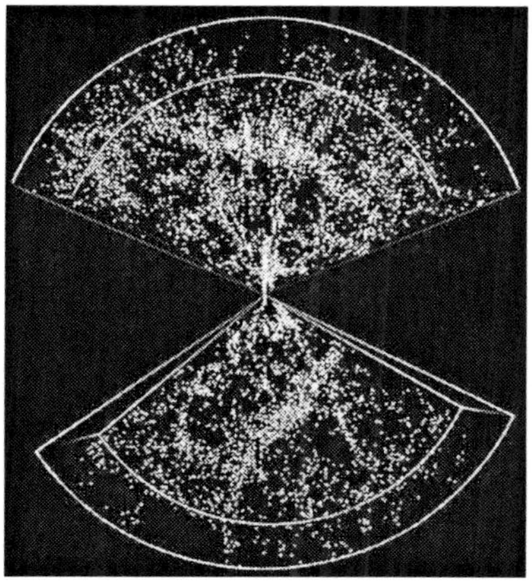

Bild 3: Supercluster – Großräumige Struktur des Universums. Jeder der 9325 Punkte stellt eine Galaxie dar. Die Karte zeigt eine Scheibe der nördlichen und südlichen galaktische Hemisphäre mit einer Länge von 400 Millionen Lichtjahren. Die Erde befindet sich im Zentrum.

80 Milliarden Jahre brauchen, um ein solch gigantisches Gebilde zu schaffen, aber das Alter des Universums wird auf nur 10–20 Milliarden Jahre geschätzt.

In den folgenden Jahren wurden noch weitere Supercluster entdeckt[6]: die so genannte „Große Mauer" mit einer Länge von 700 Millionen Lichtjahren und noch deutlich längere Gebilde. Astronomen fanden Galaxien, die zu dünnen Bändern angeordnet sind und deren Gesamtstruktur sich über 7 Milliarden Lichtjahre erstreckt. Wären solche riesigen Gebilde nach der Urknalltheorie entstanden, so wären dafür mindestens 150 Milliarden Jahre erforderlich, so dass der Widerspruch der Urknalltheorie in sich mit jedem entdeckten Supercluster wächst.

Vor allem kann die Urknalltheorie keine Begründung dafür angeben, warum diese Supercluster entstanden sind. Nach der Theorie müsste das Universum im großen Maßstab sehr homogen sein, da durch den Urknall eine gleichförmige Verteilung der Materie stattgefunden haben müsste[7]. Ebenso gibt die Urknalltheorie keine schlüssigen Erklärungen für das Entstehen und die Existenz von Galaxien, Sonnensystemen, Sonnen, Planeten usw. Auch hier würde die Urknalltheorie eine nebelartige Verteilung der Materie vorziehen.

Im Dezember 1995 belichtete das Hubble-Weltraumteleskop 10 Tage

Bild 4: Hubble Deep Field. Der Himmelsausschnitt auf dieser Aufnahme beträgt nur ein Dreißigstel des Monddurchmessers. Er wurde 10 Tage lang belichtet. In diesem kleinen Ausschnitt fand man mindestens 1500 Galaxien unterschiedlicher Typen.

lang einen einzigen sehr kleinen Himmelsbereich (Bild 4). Dabei wurden Galaxien entdeckt, die die am weitesten entfernten jemals gemessenen Objekte sind[8,9]. Sie sind so weit entfernt, dass sie nach der Urknalltheorie existiert haben müssten, als das Universum weniger als 5 % seines Alters hatte, nämlich nur wenige hundert Millionen Jahre nach dem Urknall. Die bisher angenommenen Theorien über die Entstehung von Galaxien gehen jedoch von deutlich längeren Bildungszeiten für Galaxien aus. Weiterhin scheinen diese Galaxien nicht junge Galaxien zu sein, die quasi gerade erst geboren wurden, sondern sie sehen aus wie erwachsene Galaxien, die deutlich länger als die angenommenen hundert Millionen Jahre seit dem Urknall existieren.

Es gibt eine beliebig lange Reihe weiterer experimentell begründeter Kritikpunkte an der Urknalltheorie wie z. B. nicht zur Theorie passende Messungen der Hubble-Konstanten[10,11] oder Unregelmäßigkeiten in der Hintergrundstrahlung, die nach der Urknalltheorie nicht vorhanden sein dürften. Jedoch würde eine ins Einzelne gehende Darstellung dieser Kritikpunkte den Rahmen dieses Beitrags sprengen. Die Urknalltheoretiker versuchen natürlich Begründungen zu experimentellen Widersprüchen zu geben. Charakteristischerweise geben sie diese Erklärungen erst nach den Entdeckungen der nicht in die

Urknalltheorie passenden Experimente. Eine Theorie ist dann gut, wenn sie möglichst genaue Voraussagen auf bevorstehende Experimente machen kann. Muss jedoch an eine Theorie ständig angeflickt werden, damit sie mit neuen experimentellen Ergebnissen in Einklang gebracht werden kann, so ist sie langfristig nicht überlebensfähig.

Weitaus gravierender sind jedoch die philosophischen Kritikpunkte an dieser Theorie. Nach der Urknalltheorie ist das Universum begrenzt. Es hat einen absoluten Anfang. Dies lässt sofort die Frage aufkommen: Was war vor dem Urknall? Was ist hinter der durch die Theorie gesetzten Grenze des Universums? Diese Fragen kann uns die Urknalltheorie jedoch nicht beantworten. Es ist sogar so, dass die Theorie derart aufgebaut ist, dass diese Fragen seitens der Theorie von vornherein „nicht erlaubt" sind. Es gelingt dem nachdenklichen Gemüt kaum, solche zeitlichen und räumlichen Grenzen im Universum zu akzeptieren. „Unendlich sollte das Universum sein, ohne Anfang und Ende der Zeit", meint selbst der bekannte Urknall-Theoretiker Steven Weinberg – in einem solchen Weltraum würde er sich „wesentlich wohler fühlen"[12].

Der angenommene unendlich dichte Punkt Urmaterie ist nicht erklärbar oder beobachtbar und ist zu den physikalischen Gesetzmäßigkeiten konträr, da ein derartiger Extremfall in der Natur unbekannt ist. Die Urknall-Theorie ist nicht empirisch beweisbar. Sie stellt eine reine Hypothese dar.

Die Urknalltheorie basiert lediglich auf einer rein materialistischen Weltdeutung, die nicht mehr und nicht weniger als den Ausgangspunkt der Materie im Universum beschreibt. Das Universum mit allem Leben, das es beinhaltet, wird von der Urknalltheorie als ein bloßes Erzeugnis des Zufalls gedeutet.

Das Welten-Ei

Eine Wissenschaft der Zukunft, die ganzheitliche Perspektiven aufzeigen will, muss dem Anspruch auf Interdisziplinarität gerecht werden. Aus diesem Grund fördert das Netzwerk für interdisziplinäre Ursachenforschung die Verbindung von Natur- und Geisteswissenschaften, da dies eine hervorragende Möglichkeit ist, zu kausalitätsbezogenen Rückschlüssen zu gelangen.

Wenden wir uns daher einer ganz anderen Darstellung der Weltentstehung zu. Es gibt unzählige Mythen über den Beginn der Welt. Die meisten Völker haben ihre Vorstellungen vom Ursprung der Welt in symbolhaften Erzählungen niedergelegt. Diese sind aus ältesten Zeiten erhalten und enthalten immer wiederkehrende Symbole und Motive, die in den Weltentstehungsmythen aller Kontinente auftauchen. Eines dieser Symbole soll hier exemplarisch herausgegriffen werden, um ein Beispiel für eine mythologische Weltentstehungs-Sicht zu geben: Dieses Symbol ist das Welten-Ei.

Die Vorstellung vom Ei als dem Ursprung der Welt ist über die ganze Erde verbreitet. Trotz der trennenden gewaltigen Ozeane – von denen angenommen wird, sie seien erst seit einigen hundert Jahren überbrückbar –, ist eine verblüffende Ähnlichkeit in den verschiedenen Mythologien unübersehbar. Das Welten-Ei findet sich u. a. in Ägypten, Phönizien, Indien, China, Japan, Griechenland, Mittelamerika, Finnland und auf den Fidschi-Inseln.

Gemäss der hinduistischen Mythologie reifte Brahmâ, die schöpferische Kraft in der Natur, in dem Welten-Ei. Dieses wird das Hiranya-Gharba genannt (Bild 5).

Das Weltenei der Ägypter kommt aus dem Mund der Gottheit Kneph hervor. Diese Gottheit wird als „ungeschaffen und ewig" beschrieben und hat die Form einer Schlange.

Ein Schöpfungstext aus Theben lautet: „Am Anfang, als die Urwasser die Welt bedeckten und außer dem Wasser nichts war, erhob sich aus dem Urwasser der Hügel des Uranfangs. Dieser trug ein großes Ei. Aus dem Ei entstand Amon. Er lebte wie eine Nilgans auf den Urwassern. Er schwamm über das Wasser und überlegte, was er gegen seine Einsamkeit tun könne. Aus sich selbst erschuf er die Göttin Amaunet. Dann erschuf er die Welt und alles, was in der Welt ist. Er gab der Welt den Befehl, dass sie entstehen soll. Und so geschah es."[13]

Bild 5: Hiranyagarbha, das goldene Ei des Brahmâ, der Keim des Universums.

Im babylonischen Mythos fiel das Weltenei, das Ishtar ausbrütete, vom Himmel in den Euphrat.

Auch in den Orphischen Hymnen spielt das Ei eine Rolle: Die kosmische Schlange atmet das zukünftige Universum in Form eines Eies aus (Bild 6). Ein ähnliches Bild ist im Adams County, Ohio, USA, zu finden. Dort gibt es den großen Schlangenhügel, der eine lange Figur in Form einer Schlange darstellt, die ein Ei verschlingt oder ausspeit (Bild 7). In Schottland befindet sich ein ähnlicher, nur kleinerer Schlangenhügel.

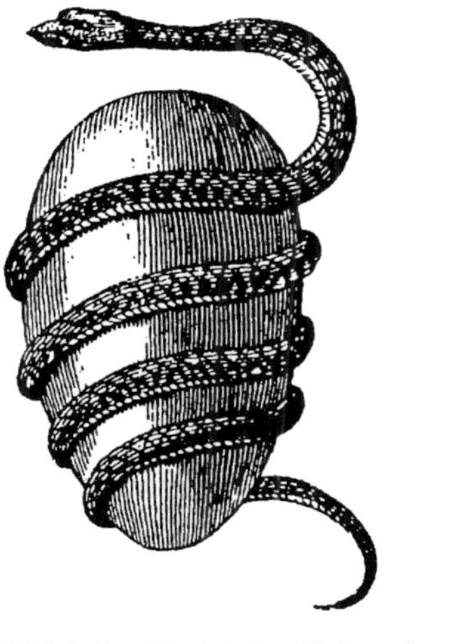

Bild 6: Das Orphische Weltenei

In einer chinesischen Schrift heißt es: „Zuerst war das große Weltenei. Im Ei war das Chaos, im Chaos war P'an Ku, der Unentfaltete, der göttliche Embryo. Und P'an Ku durchbrach die Eierschale mit einem Beil in der Hand, mit dem er dann die Welt formte. Sofort machte sich P'an Ku ans Werk, um kraftvoll Ordnung in der Welt zu schaffen. Aus dem oberen Teil der Ei-Schale bildete er den Himmel und aus dem unteren Teil die Erde. Er schüttete die Ge-

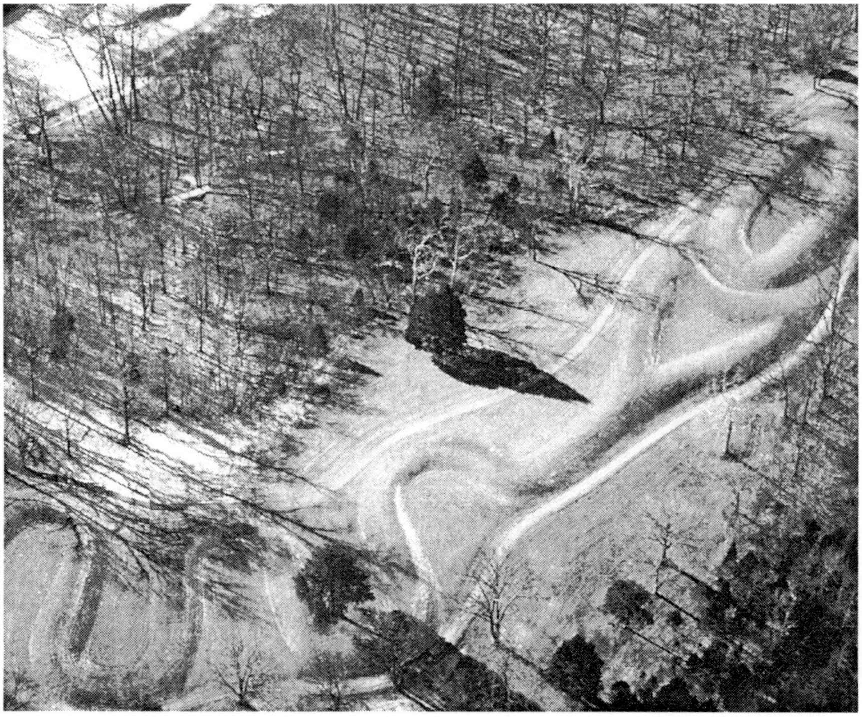

Bild 7: Der Great Serpent Mound. Der Schlangenhügel in Ohio

birge auf Erden auf, hob tiefe Täler aus und machte Betten für die Flüsse. Die Welt war erst fertig, als P'an Ku starb. Denn nur sein Tod konnte das Universum vervollkommnen. Aus seinem Fleisch entstand der Humus der Äcker, aus seinen Knochen entstanden die Felsen. Sein Atem war der Wind."[14]

Auch in Peru gibt es das Symbol des kosmischen Eies. So heißt es in einer peruanischen Darlegung, dass Manco-Capac, der „mächtige Mensch", der ideale Mensch, und sein Weib Mama Oello, „Mutter-Ei", das Universum ins Dasein brachten.

Über die ganze Erde verstreut findet sich also das gleiche Symbol des Welten-Eies. Das Ei wird als großer Mutterleib der Natur gesehen. Aus diesem heraus wird das Universum mit Hilfe göttlicher Wesen erzeugt. Das Ei kann nur das zur Manifestation bringen, was in ihm ist.

Dies ist sein entsprechender Lebenskeim. Das Weltenei ist somit der Same für die aus ihm entstehende Welt. So wie eine Nuss inhärent einen ganzen Nussbaum enthält, enthält das Weltenei das Universum.

Das Ei taucht auch in anderen Zusammenhängen als Symbol auf. Z. B. als Osterei werden in vielen Ländern jährlich während des Frühlings farbige Eier benutzt. Im Frühling deshalb, weil die Natur zu diesem Zeitpunkt neues Leben hervorbringt. In Ägypten wurden Eier zur Frühlingszeit als heilige Symbole ausgetauscht. Sie wurden in ägyptischen Tempeln aufgehängt, und bis heute ist dies Brauch in mohammedanischen Moscheen. Die nordeuropäischen Völker hatten die Gewohnheit, das Osterfest im Frühling zu feiern und sich gegenseitig Eier zu überreichen. Das war eine Sitte, die lange Zeit bestand, bevor sie von den Christen übernommen wurde. „Warum?", mögen wir fragen. Aus dem scheinbar leblosen Ei kommt ein lebendiges Wesen hervor. „Alles Leben entspringt dem Ei", sei es klein oder groß. Das Ei war daher ein Symbol für die Auferstehung des Lebens. Der Keim im Ei ist ein lebendes Wesen. Es wird mit der Zeit auf eine erstaunliche Art und Weise die Form annehmen und sich als das Individuum entwickeln, das aus dem Ei geboren werden soll. Eines Tages zerspringt das Ei, und das Wesen kommt daraus hervor – der Vogel, das Küken, der Mensch oder eben auch das Universum. In diesem Sinne gebiert aus dem Welten-Ei ein lebendiges Universum.

Lebendiges Universum

Wie aber ist das Universum nun entstanden? Das Netzwerk für interdisziplinäre Ursachenforschung möchte mit diesem Beitrag einige Thesen aufwerfen, die vielleicht zunächst als Gedankenexperimente betrachtet werden. Wir laden ein, einmal „andersherum" auf die Weltentstehung zu schauen: nicht von der sichtbaren, materiellen Seite aus, sondern aus der Sicht des Geistes oder noch exakter aus der Sicht dessen, was die Verursachung des Existierenden bewirkt.

Blicken wir in einer sternklaren Nacht hinauf ins All zu einer funkelnden Fülle von Sternen und Galaxien, so strahlen diese eine majestätische Harmonie aus. Die Bahnen der Planeten um ihre Sonne sind mathematisch exakt. Das Himmelsgewölbe bewegt sich wie ein riesiges Uhrwerk aus lebendigen Zahnrädern, die nach genauen Regeln ineinander greifen. Sphären befinden sich innerhalb von Sphären. Diese Ordnung, die sich in der Bewegung widerspiegelt, kann schwerlich durch Zufall entstanden sein. Wenn Kausalität ein Grundprinzip der Natur ist – und dies wurde bereits von Newton mit seinem Grundgesetz „actio=reactio" gezeigt –, kann die Ursache der Natur nicht auf Zufall gegründet sein. Es widerspricht sowohl dem gesunden Menschenverstand als auch sämtlicher experimenteller Erfahrung, dass etwas Kausales aus etwas Zufälligem entstand.

Nach der Urknalltheorie – aber auch nach einigen weiteren naturwissenschaftlichen Kosmologien – hat sich die Struktur des Universums rein zufällig gebildet. Alle Galaxien, Sonnen, Planeten und vor allem das Leben auf unserer Erde soll hiernach also rein zufällig entstanden sein. Dabei wird zwar vom gesetzmäßigen Wirken der bekannten Naturgesetze ausgegangen, aber die großen Strukturen im Universum hätten sich nach dieser Annahme auch ganz anders bilden können. Durch theoretische Berechnungen wurde jedoch bereits vielfach gezeigt: Die Wahrscheinlichkeit dafür, dass Leben entstehen könnte, wenn nur zufällig immer wieder bestimmte Atome aufeinanderstoßen, damit zunächst ein Sonnensystem und dann ein Planet und dann das Leben auf ihm entstehen konnte, ist so verschwindend gering, dass man getrost sagen kann, es ist unmöglich. Der Astronom Fred Hoyle berechnete, dass die Wahrscheinlichkeit für die zufällige Entstehung von 2000 verschiedenen Enzymen, welche für biologisches Leben erforderlich sind, 10^{40000} beträgt. Dafür ist ein Vielfaches der Zeit erforderlich, die nach der Urknalltheorie bis jetzt zur Verfügung gestanden hätte.[15]

Und wie viele verschiedene Moleküle sind allein für den Aufbau unseres Körpers erforderlich. Und man bedenke, dass diese auch noch in exakter Weise zusammenarbeiten müssen! Es ist also anzunehmen, dass unser heutiges Universum keineswegs zufällig entstanden ist, sondern dass der Evolution des Universums und des in ihm enthaltenen Lebens in seiner fantastischen Mannigfaltigkeit ein Plan zugrunde liegt. Daher ist eine der Grundthesen des Netzwerks für interdisziplinäre Ursachenforschung: Jegliche Entwicklung, jegliche Evolution im Großen wie im Kleinen, sei es die Entstehung von Sonnensystemen oder die Entwicklung von Leben auf der Erde, beruht auf einem intelligenten Plan. In der Natur lässt sich vernunftgemäßes Handeln in großen Dimensionen auch dort beobachten, wo die einzelnen Elemente, die das Große bilden, nicht über genügend Überblick zu verfügen scheinen, um das Ganze zu erfassen. Doch überall in der Natur lässt sich erkennen, wie alles ineinander wirkt und sich gegenseitig beeinflusst.

Man kommt der Idee eines solchen Planes näher, wenn der hierarchische Aufbau von Organismen beobachtet wird: Elementarteilchen bilden Atome, Atome bilden Moleküle, Moleküle bilden Zellen, Zellen bilden Organe und Körper. Genauso verhält es sich im Großen, im Universum: Planeten und Sonnen bilden Sonnensysteme, Sonnensysteme bilden Galaxien, Galaxien schließen sich zu größeren Strukturen, so genannten lokalen Haufen zusammen, diese bilden wiederum noch größere Strukturen usw. Jede Hierarchie-Ebene wird dabei nach analogen Gesetzmäßigkeiten gebildet. Jede Hierarchie bildet sich aus untergeordneten Einheiten und ist selbst Bestandteil einer größeren Einheit. Jede Hierarchie stellt quasi einen Organismus dar, der seine eigene individuelle Aufgabe erfüllt. Dieser Organismus bedarf dabei der Hilfe untergeordneter Organismen und unterstützt wiederum seinerseits übergeordnete Organismen in ihrem eigenen Aufbau. Dabei greifen die verschiedensten Ebenen ineinander und ergänzen sich auf erstaunliche Weise. Es ist nicht einzusehen, warum dieses Prinzip der Natur im ganz Kleinen oder im ganz Großen ein abruptes Ende finden sollte.

Je weiter die Forschung im unendlich Großen und im infinitesimal Kleinen fortgeschritten ist, um so mehr hat sich die angenommene Grenze für ein kleinstes Teilchen oder für die Größe des Universums ausgedehnt. Das, was als Elementarteilchen angesehen wird, hat im Laufe der Jahre eine deutliche Änderung erfahren (Bild 8). Bis etwa

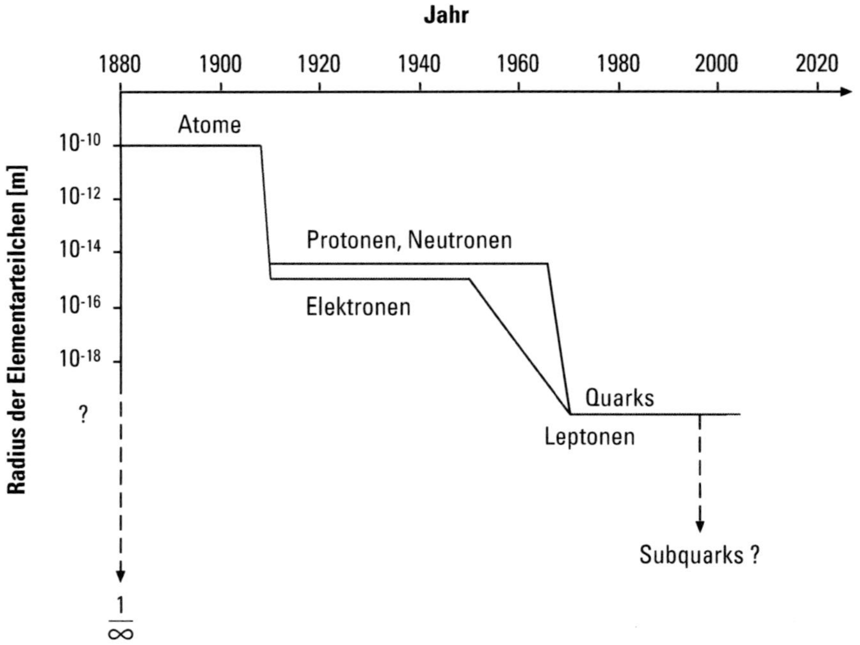

Bild 8: Entwicklung des Begriffs „Elementarteilchen" in den letzten 100 Jahren.[16]

1905 wurden die Atome als kleinste Teilchen angesehen. Diese haben einen Radius von ca. 10^{-10} m. Danach wurden die Elektronen, Protonen und Neutronen mit ihrem Radius von ca. 10^{-15} m als unteilbar angesehen. Ab etwa 1965 sind die kleinsten bekannten Teilchen die Leptonen, Feldquanten und Quarks, deren Radius unbekannt ist. Ihr Radius ist auf jeden Fall deutlich kleiner als 10^{-18} m. Inzwischen wird über Subquarks nachgedacht. Man bedenke nur einmal, wie sehr das wissenschaftlich allgemein akzeptierte „kleinste Teilchen" innerhalb von nur 60 Jahren vom Atom zum Quark geschrumpft ist: Das Quark ist mehr als 100 Millionen mal kleiner als das Atom. Wer weiß, wie klein das so genannte „kleinste Teilchen" in weiteren 60 Jahren sein wird. Inzwischen gibt es einige Experimente, die auf eine weitere Unterteilbarkeit der Quarks schließen lassen.

Immer wieder wird nach der Entdeckung einer neuen Teilbarkeits-Ebene von Seiten der Wissenschaft behauptet, dies sei nun aber endgültig die letzte Unterteilung und das, was man jetzt gefunden habe, seien die letzten Elementarteilchen. Die Geschichte der Physik hat gezeigt, dass diese Grenzen immer wieder überwunden werden konnten, dass etwas noch Kleineres gefunden wurde. Kann dann nicht auch von einer unendlichen Teilbarkeit der Materie ausgegangen werden? Vielleicht kann es ein „kleinstes Teilchen" gar nicht geben, da alles zusammengesetzt ist aus immer noch kleineren Einheiten, aus Organismen, welche die größeren Einheiten aufbauen.

Zu dieser Erkenntnis gelangte bereits vor mehr als dreihundert Jahren Gottfried Wilhelm Leibniz. Er sagte: „Der Urheber der Natur konnte dieses göttliche und unendlich wunderbare Kunstwerk ausführen, weil jedes Stück Materie nicht nur, wie die Alten erkannt haben, ins Unendliche teilbar, sondern auch jedes Stück tatsächlich ohne Ende in Teile weitergeteilt ist, von denen jedes eine eigene Bewegung hat. Andernfalls würde es nämlich unmöglich sein, dass jeder Teil der Materie die Welt auszudrücken vermag. Daraus ersieht man, dass es in dem kleinsten Teil der Materie eine Welt von Geschöpfen, von Lebendigem, von Tieren, Entelechien, Seelen gibt. ... Daher gibt es nichts Ödes, nichts Unfruchtbares, nichts Totes in der Welt; kein Chaos, keine Verwirrung, außer nur scheinbare."[17]

Dieser große Universalgelehrte Leibniz sieht also die Materie als unendlich teilbar und belebt an. Organismen enthalten Organismen, die Organismen enthalten usw. Und jede Ebene dieser Ineinanderschachtelung spiegelt das Ganze wider. Ein Teilaspekt dieser Leibnizschen Idee spiegelt sich in dem einfachen Atommodell von Niels Bohr wider. Er vergleicht die sich um den Atomkern bewegenden Elektronen mit den die Sonne umkreisenden Planeten.

Und dies ist nun auch der Blick, den wir wieder einschlagen müssen, wenn wir das Universum und seinen Ursprung betrachten wollen. Auch im Großen ist in analoger Weise eine solche Ineinanderschachtelung von Organismen zu entdecken. Der Planet im Sonnensystem, das Sonnensystem in der Galaxie, die Galaxie als Teil eines

Galaxienhaufens, der Galaxienhaufen als Teil noch gewaltigerer Strukturen usw. Die entdeckten Strukturen, in denen sich Galaxien anordnen, werden von Jahr zu Jahr gigantischer, genauso wie die Größe des so genannten kleinsten Teilchens immer weiter schrumpft. Die größten bekannten Strukturen im Universum sind größer als 7 Milliarden Lichtjahre. Dieses ist nun die Grenze, die seitens der Wissenschaft gezogen wird und von der zur Zeit behauptet wird, dass danach ja nicht viel Weiteres kommen kann. Charakteristischerweise werden solche Grenzen durch die Genauigkeit der zur Verfügung stehenden Messinstrumente gesetzt. Wer weiß, welch große Strukturen in hundert Jahren entdeckt werden?

Vielleicht kann in analoger Weise zur unendlichen Teilbarkeit des Atoms auch ins Große weitergedacht werden. Was spricht dagegen, ein unendliches All anzunehmen? Ein solches unendliches All könnte aus Organismen auf den verschiedensten Ebenen bestehen. Diese Organismen wirken in- und miteinander, um das Ganze zu bilden. Sicherlich könnten in zur Zeit schwer fassbaren riesigen Ausdehnungen Organisationsstrukturen im Universum enthalten sein, die für unsere Wahrnehmung unüberbrückbar scheinen, so dass wir meinen, dass hier nun aber die letzte Grenze des Universums vorliegt. Doch dies erinnert ein wenig an die mittelalterliche Vorstellung von der Erde als von einer Scheibe, von der man hinunterfallen kann, wenn man sich mit seinem Schiff zu weit in den Ozean vorwagt. *Unser* Universum mag begrenzt sein, aber vielleicht ist es selbst Teil eines Aggregats, eines Organismus aus einer großen Anzahl von Universen.

Auch die Idee vom unendlichen Universum ist keineswegs neu. Giordano Bruno, einer der bedeutendsten Philosophen der Renaissance, geht von einem unendlichen Weltall mit einer unendlichen Anzahl von Sternen und Planeten aus. Bruno hat sehr viele Entdeckungen der modernen Astronomie vorweggenommen, die für seine Zeit ketzerisch waren, z. B. dass es mehr als die damals entdeckten sieben Planeten in unserem Sonnensystem gibt und dass die Sterne ebenfalls Sonnen sind, die von Planeten umkreist werden. Im Gegensatz zur modernen Astronomie geht Bruno jedoch auch von Kräften aus, die sich hinter dem Physischen befinden und dieses ursächlich bewirken. Für ihn ist das Universum kein mechanistisches Gebilde. Für Giordano Bruno sind alle Teile der Welt von Geist durchdrungen und daher belebt. Er sagt: „Es genügt, zu wissen, dass es ein unermessliches Gefilde, einen zusammenhängenden Raum gibt, der alles in sich hegt und trägt, der alles durchdringt. In demselben sind zahllose dieser Welt ähnliche Weltkörper, von denen der eine nicht mehr die Mitte des Universums ist als der andere. Denn als unendliches All ist es ohne Zentrum und Umfang; das sind Beziehungen bloß für jeden der einzelnen Weltkörper, die in ihm sind."[18]

„Was immer auch ist, ist lebendig. ... Wenn also der Geist, die Seele und das Leben in allen Dingen vorkommen und in gewissen Abstufungen die gesamte Materie erfüllen, so sind sie zweifellos die wahre Wirklichkeit und die wahre Form aller Dinge."[19]

Sowohl Leibniz als auch Bruno sprechen von Unendlichkeit – im Kleinen und im Großen. Ein weiterer wichtiger Aspekt ihrer Aussagen ist der, dass alles im Universum belebt ist. Dieses Thema wird ausführlich in dem Artikel „Die Welt der Atome" im Rahmen dieser Reihe erläutert. So viel sei an dieser Stelle verraten: Das Netzwerk für Interdisziplinäre Ursachenforschung stellt wie Leibniz und Bruno und viele weitere Philosophen die These auf, dass es in der Natur nichts Totes gibt. Es gibt zwar tote Formen, doch diese sind von Leben erfüllt. Leben findet sich in allen Bereichen der Natur – im ganz Großen und im ganz Kleinen. Leben ist erheblich mehr als eine biochemische Reaktion: Leben beinhaltet Individualität und Bewusstsein. Bereits Max Planck sagte, dass Bewusstsein fundamental sei.

Die Naturwissenschaft beschränkt ihren Blick auf die Entstehung des Universums rein auf den physikalischen Aspekt. Doch reicht dies aus, um ein Universum zu beschreiben, das Leben beinhaltet? Leben ist ein ungeheuer komplexer Vorgang, in den geistige und seelische Bereiche mit einbezogen werden müssen. Insbesondere der Aspekt des Bewusstseins, das jedes Wesen in unterschiedlicher Ausprägung, je nach dem Grad seiner Entwicklung besitzt, ist bedeutend. Wenn Leben mehr ist als ein physikalischer Vorgang, so stellt sich die Frage, wie dieses „mehr" evolviert. Entsteht zunächst der Körper und anschließend daraus die geistigen Aspekte? Oder ist der geistige Bereich *vor* den Körpern entstanden und verursacht sie? Diese Frage ist insbesondere im Hinblick auf den Ursprung des Universums von größter Wichtigkeit und entscheidend. Zahllose Philosophien und Religionen aus aller Welt behaupten, dass das Geistige oder das Bewusstsein das Ursächliche ist und der Körper das Resultierende. Wenn dies so sein sollte, dann kann eine rein physikalische Beschreibung der Entstehung des Universums einem von Leben erfüllten Universum nicht gerecht werden (siehe auch „Evolution im Dialog von Wissenschaft und Philosophie").

Wenn das Universum von Leben erfüllt ist und man so weit gehen kann zu sagen, dass alles lebt, so muss man dieses „alles" auch im Kleinsten und im Größten suchen. Dann sind die eben erwähnten Hierarchien oder Ebenen im wahrsten Sinne des Wortes Lebewesen. Diese verschiedensten Arten von Leben mögen nicht vergleichbar sein mit dem, was wir aus unserem Alltag an Lebewesen kennen. Tiere als Lebewesen anzuerkennen ist sicherlich kein Problem, auch wenn sie vor dem Gesetz als „Ding" gelten. Bei Pflanzen scheiden sich bereits die Geister. Einige Leute sprechen mit ihren Pflanzen und sind überzeugt, dass sie hierdurch in ihrem Wachstum gefördert werden. Ein Mineral oder ein Atom als Lebewesen anzuerkennen fällt dagegen bereits erheblich schwerer. Doch hat etwas deshalb kein Bewusstsein, weil wir es nicht erkennen können? Es braucht ja nicht menschliches Selbstbewusstsein zu sein, vielmehr kann es Bewusstsein der jeweiligen Daseinsbereiche sein mit seinen eigenen Charakteristika. Einer völlig anderen Form von Leben mögen die Menschen auf der Erde als tot und unbelebt erscheinen. Die Grade des Bewusstseins können gewaltig voneinander abweichen. Und ist es tatsächlich sehr abwegig, bei dem Gedanken an ein lebendiges Universum auch die Sonnen und Planeten als lebende Wesen, als Organismen anzusehen? Vielleicht sind die alten Mythen mit ihren Bildern von lebendigen Planeten näher an der Wirklichkeit, als wir annehmen. Was spricht also dagegen, unser Universum auch als einen Organismus anzusehen?

Der Gründer des Netzwerks für interdisziplinäre Ursachenforschung, Hermann Knoblauch, sagt hierzu: „Solange von der Wissenschaft nicht erkannt wird, dass das Universum ein gewaltiger, von ‚Leben' und ‚Bewusstsein' erfüllter Organismus ist, eine lebende Wesenheit, die sich ihrerseits aus lebenden Wesenheiten zusammensetzt, wird sie lediglich mit leblos erscheinenden Körpern, mit leeren Schalen operieren, deren inhärentes Leben ihr aber verborgen bleibt. So bleibt sie eine tote, auf Theorien und Hypothesen aufgebaute Wissenschaft."[20]

Jedes Lebewesen, jeder Organismus, durchläuft seinen Zyklus von Geburt, Wachstum, Reife, Alter und schließlich Tod. Dies können wir für die uns alltäglich bekannten Lebensformen ohne weiteres bestätigen. Warum aber sollte dies nicht auch für ein Universum angenommen werden können? Auch ein Universum wird geboren (jedoch nicht mit einem Urknall), es wächst, nimmt zu an Ausdehnung, erreicht seinen Reifezustand, wird alt und stirbt schließlich. Wenn aber alles lebt, kann auch unser Universum keine Ausnahme in dem großen Weltgefüge machen! Der Ursprung des Universums wäre demnach nicht der Ursprung von allem. Er stellt lediglich den Ursprung alles dessen dar, was sich innerhalb dieses speziellen Universums befindet. Auch unser Universum ist nur eines aus einer unendlichen Vielzahl an Universen, die kommen und vergehen und sie alle folgen dem Zyklus ihres eigenen Lebens.

Hiermit sind wir auch wiederum beim Mythos des Welten-Eies angelangt, aus dem das Universum entstanden ist. Aus einem Ei entsteht ein lebendiges Universum, ein eigenständiges Wesen mit seinem ihm zugehörigen Bewusstsein. Für unsere heutige Wissenschaft ist ein solcher Weltentstehungs-Mythos reiner Aberglaube. Nur der messbare Bereich des Universums wird als existent angenommen, obwohl es für die unsichtbaren, kausalen Bereiche der Natur zahlreiche Indizien gibt, auch wenn sie nicht direkt messbar sind. Wenn die kausalen Bereiche der Natur in die Überlegungen über den Ursprung des Universums mit einbezogen werden, dann entsteht ein völlig anderes Bild von der uns umgebenden Natur und von dem Ursprung des

Lebens: Wir sähen uns einer Natur gegenüber, in der durch gegenseitigen Aufbau, Austausch und Hilfe alles inhärent und kausal miteinander verbunden ist. Allein diese Erkenntnis erfüllt unser Leben mit Hoffnung und Sinn. Leben ist nicht länger mehr das sinnlose Produkt des Zufalls, wie es nach dem Urknall der Fall wäre. Wenn aber das Universum folgerichtig entstanden und aufgebaut ist, so ist es auch das menschliche Leben.

Der deutsch-amerikanische Sprachgelehrte und Naturwissenschaftler Prof. Gottfried von Purucker sagt hierzu: „Im Atom wie im Kosmos gelten dieselben Regeln, dieselben Prinzipien, dieselben Energien, dieselben Substanzen und dieselben strukturellen Tätigkeiten, denn beide, Atom und Kosmos, sind für immer untrennbare Teile des grenzenlosen Alls, und daher spiegeln oder reflektieren sie, ein jedes seiner Kraft und Fähigkeit entsprechend, die spirituellen Urkräfte, die das Grenzenlose enthält. Somit sind alle, Kosmos und Atome, innere und unsichtbare sowie äußere und sichtbare Welten, Pläne und Sphären – wenn sie als kosmisches Ganzes betrachtet werden-, nicht nur die Schleier und Gewänder des kosmischen *Lebens*, sondern das, was die Ausdrucksformen des kosmischen Lebens genannt wird.[21]

---

* Dr. rer. nat. Heidrun Bethge, Diplom-Physikerin.

1 Greenberg, O. W.: A new level of structure. In: Physics today, Woodbury/New York, 9/1985., S. 22 ff.

2 Müller, T.: Sind Quarks die kleinsten Bausteine der Materie? In: Physik in unserer Zeit, Weinheim, 3/1996, S. 135.

3 Wagner, A.: Ein Fenster mit Aussicht auf neue Physik. In: Physikalische Blätter, Weinheim, 4/1997 , S. 305f.

4 Gerthsen, C.; Kneser, H. O.; Vogel, H.: Physik. Berlin, [16]1989, S. 814.

5 Tully, R. B.: Alignment of Clusters and Galaxies on Scales Up to 0.1 c. In: Astrophysical Journal. Tucson, 303/1986, S. 25-38.

[6] Saunders, W.; Frenk, C.; Rowan-Robinson, M. et. al.: The density field of the local Universe. In: Nature, London, 349/1991, S. 32–38.
[7] Proc. Royal Society London 158, 36, S. 324-348.
[8] Ferguson, H. C.; Williams, R. E.; Cowie, L. L.: Probing the faintest Galaxies. In: Physics Today, Woodbury/New York, 4/1997, S. 24.
[9] Cohen, J. G.; Cowie, L. L.; Hogg, D. W. et. al.: Redshift Clustering in the Hubble Deep Field. Astrophysical Journal, Chicago 471, Nov. 96, L5–L9.
[10] Tanvir, N. R. ; Shanks, T.; Ferguson, H. C. et. al.: Determination of the Hubble constant from observations of Cepheid variables in the galaxy M96. In: Nature, London, 377/1995, S. 27–31.
[11] Freedman, W. L.; Madore, B. F.; Mould, J. R.: Distance to the Virgo cluster galaxy M100 from Hubble Space Telescope observations of Cepheids. In: Nature, London, 371/1994, S. 757–761.
[12] Stampf, Olaf: Der erschöpfte Schöpfer. In: Der Spiegel, Hamburg, 52/1998.
[13] Hansen, Susanne: Mythen vom Anfang der Welt. Augsburg, 1991, S. 26.
[14] Sproul, Barbara: Schöpfungsmythen der östlichen Welt. München, 1993, S. 245 ff.
[15] Hoyle, Fred: Mathematics of Evolution. Memphis/Tennessee, 1999.
[16] Stierstadt, Klaus: Physik der Materie. Weinheim, 1989.
[17] Leibniz, G. W.: Monadologie. Stuttgart, 1979. S. 29 f.
[18] Bruno, Giordano: Gesammelte Werke. Leipzig/Jena, 1904–1909, Band 3, S. 110f.
[19] Bruno, Giordano: Über die Ursache, das Prinzip und das Eine. Stuttgart, 1997, S. 65ff.
[20] Knoblauch, Hermann: Der Urknall. In: raum&zeit, Sauerlach, 54/1991, S. 61.
[21] Purucker, Gottfried von: Mit der Wissenschaft hinter die Schleier der Natur. Hannover, 1988, S. 68f.